Stefan Buijsman

Espresso mit Archimedes

Unglaubliche Geschichten aus der
Welt der Mathematik

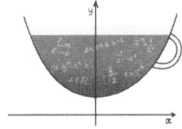

Aus dem Niederländischen
von Bärbel Jänicke

C.H.Beck

Titel der niederländischen Originalausgabe:
«Plussen en minnen. Wiskunde en de wereld om ons heen»
Copyright © 2018 Stefan Buijsman, *Plussen en minnen*

Zuerst erschienen 2018 bei De Bezige Bij, Amsterdam

Mit 40 Abbildungen

Die Übersetzung dieses Buches
wurde von der niederländischen Stiftung
für Literatur gefördert.

N ederlands
letterenfonds
dutch foundation
for literature

Für die deutsche Ausgabe:
© Verlag C.H.Beck oHG, München 2019
www.chbeck.de
Umschlaggestaltung: Geviert, Grafik & Typografie, Andrea Hollerieth
Umschlagabbildung: © Shutterstock/Marina Sun
Gedruckt auf säurefreiem, alterungsbeständigem Papier
(hergestellt aus chlorfrei gebleichtem Zellstoff)
Printed in Germany
ISBN 978 3 406 73951 4

myclimate

klimaneutral produziert
www.chbeck.de/nachhaltig

Inhalt

Einleitung

Drehen wir die Zeit einmal kurz zurück. Mit glasigem Blick schaue ich meinen Mathematiklehrer an. Auf einem Smartboard steht eine Reihe von Formeln. Daneben ist eine Grafik mit einer hügelförmigen Linie zu sehen, die von einigen geraden Linien tangiert wird. Wie allen, die in der gymnasialen Oberstufe Mathematikunterricht haben, bleibt mir nichts anderes übrig, als zu lernen, wie die Formeln und Grafiken funktionieren. Warum? In meinem Fall, weil ich Astronomie studieren will. Was ich in diesem Moment noch nicht weiß, ist, dass ich dafür viel zu ungeduldig bin. Aber mal angenommen, ich hätte das schon gewusst. Und ich hätte außerdem schon gewusst, dass ich in meinem jetzigen Beruf kaum etwas rechnen muss. Dann hätte ich bei Google die Frage eingetippt: Wofür ist Mathematik gut?

Eines der ersten (niederländischen) Ergebnisse, die bei Google auftauchen, ist ein Artikel aus einer niederländischen Zeitung über den Satz des Pythagoras und das Aufteilen von Pizzas. Das ist wunderbar konkret, doch es beleuchtet nur einen kleinen Teil des Nutzens von Mathematik. Denn ohne Mathematik hätte ich bei Google erst gar nicht nach einer Antwort auf meine Frage suchen können. Oder ich wäre bei einem Artikel gelandet, der so gut wie nichts mit meiner Frage zu tun gehabt hätte. Eine Suchmaschine wie Google funktioniert nämlich nur dank des klugen Einsatzes von Mathematik. Dabei denke ich nicht nur daran, dass Computer mit Einsen und Nullen arbeiten, sondern auch daran, dass die Art, in der

Google darüber entscheidet, welche Antwort auf meine Frage relevant ist, auf einer ganzen Menge Mathematik beruht. Bevor die Google-Gründer Sergey Brin und Larry Page 1998 diese Art zu entscheiden austüftelten, hatte das Topresultat bei der Eingabe von «Bill Clinton» im Suchfeld aus einem Foto von ihm und dem neuesten Clinton-Witz bestanden. Wer auf Yahoo nach «Yahoo» suchen ließ, fand die Website selbst nicht einmal unter den Top Ten der Ergebnisse! Heutzutage passiert das nicht mehr, und das haben wir der Mathematik zu verdanken.

Dennoch haben heute noch viele das gleiche Gefühl, das ich damals in der Oberstufe hatte, vor einer Tafel voller mathematischer Formeln, von denen man nicht allzu viel kapiert und denen man im Alltag wohl nie wieder begegnen wird. Kein Wunder, dass Mathematik vielen Menschen unverständlich und nutzlos erscheint. Doch das Gegenteil ist wahr: Mathematik spielt in unserer modernen Gesellschaft durchaus eine wichtige Rolle. Und für den, der hinter die Formeln blickt, ist sie auch leichter zu begreifen, als man gemeinhin annimmt. Die Art und Weise, wie Google Informationen für uns auswählt, zeigt uns, wie Mathematik unseren Alltag, sowohl im positiven wie im negativen Sinne, beeinflusst. Digitale Dienste wie Google, Facebook und Twitter haben die Nebenwirkung, dass sie bereits bestehende Auffassungen bestärken können. Gegenwärtig tauchen ständig Fake News auf, die sich nur mühsam eindämmen lassen. Zum Teil liegt das daran, wie diese Dienste arbeiten. Wir können damit nur umgehen, wenn wir begreifen, wie es dazu kommt, dass gerade derartige Internetdienste unsere Meinungen bestärken, und warum sich die Form, in der das geschieht, nicht ohne Weiteres verändern lässt.

In diesem Buch möchte ich deutlich machen, wie nützlich Mathematik ist. Nun, da ich diese Mathematik besser begreife, richtet es sich in gewisser Weise an mein jüngeres Ich. Zugleich richtet es sich aber auch an alle, die so wie ich damals glauben, dass mathematische Berechnungen bloß lästig sind und es nur gut ist, wenn man davon verschont bleibt. Seit ich als Philosoph der Mathematik arbeite und viel darüber nachdenke, wie Mathematik funktioniert und wie wir Mathematik erlernen, weiß ich, wie ungeheuer relevant Mathematik ist, ob man nun von Berufs wegen Berechnungen anstellen muss oder nicht. In der Mathematik geht es um viel mehr als um Formeln, daher werden Sie in diesem Buch auch kaum welche finden. Formeln sind praktisch, wenn man etwas Spezielles berechnen möchte, sie lenken aber oft von den Gedanken ab, die hinter der Mathematik stehen.

Um zu zeigen, dass Mathematik relevanter und verständlicher ist, als viele meinen, gehe ich in diesem Buch auf eine Anzahl von Teilbereichen der Mathematik und deren grundlegende Ideen ein. Für einige Zweige der Mathematik gibt es überraschend viele Anwendungsmöglichkeiten, die jeder leicht verstehen kann, jedenfalls wenn man mal von den entsprechenden Formeln absieht. So etwa für die Graphentheorie: Eine Suchmaschine wie Google nutzt sie, um Suchergebnisse zu ordnen, sie wird aber auch verwendet, um zu prognostizieren, wie ein Krebspatient auf eine Behandlung anspricht, und eingesetzt, um Verkehrsströme in einer Großstadt zu untersuchen.

Gleiches gilt für die anderen Teilgebiete der modernen Mathematik, die in diesem Buch zur Sprache kommen: die Statistik sowie die Integral- und die Differenzialrechnung. Die Ideen, die sich hinter ihnen verbergen, sind oft verblüffend einfach, und sie sind oft viel nützlicher, als der Schulunterricht erahnen lässt. Der Statistik begegnen wir fast tagtäglich: etwa in den Nachrichten in Form von Zahlen zur Kriminalität, Wirtschaft, Politik und vielem anderen mehr. Oft ist bei diesen Zahlen nicht klar, was genau man davon halten soll oder wie sie zustande kommen. Nicht umsonst wurde schon vor hundert Jahren vor irreführenden Statistiken gewarnt, und diese Warnung hat seither noch an Bedeutung gewonnen.

Die Rolle der Differenziale und Integrale gleicht mehr derjenigen der Graphentheorie: Sie sind nützlich, weil sie vielseitige Anwendungsmöglichkeiten bieten, ohne dass wir dies bemerken. Seit der industriellen Revolution wurden sie unter anderem dazu eingesetzt, die Effizienz von Dampfmaschinen zu steigern, selbständig fahrende Autos zu konstruieren und Wolkenkratzer zu bauen. Wenn es ein Gebiet der Mathematik gibt, das die Geschichte verändert hat, dann wohl dieses.

Doch bevor ich ausführlich auf die zahlreichen modernen Anwendungen der Mathematik eingehe, sollten wir zu ihren allerersten Anfängen zurückkehren. Dazu müssen wir nicht nach komplizierten historischen Berechnungen oder nach antiken Gelehrten suchen, sondern tauchen in die Geschichte des Menschen selbst ein. Jeder Mensch verfügt von Geburt an über eine ganze Reihe mathematischer Fähigkeiten; daher könnten wir auch ohne Mathematikunterricht überleben. Wie die Geschichte zeigt, genügen diese angeborenen Fähigkeiten den Menschen aber nicht mehr, sobald sie in größeren Gruppen zusammenleben. Soziale Gruppen werden irgendwann schlichtweg zu groß, um ohne Mathematik bestehen zu können, und wenden sich daher der Arithmetik und Geometrie zu. Einigen Kulturen gelingt es auch heute noch, ohne irgendeine Form von Mathematik auszukommen, aber dabei handelt es sich immer um kleine Gemeinschaften, die beispielsweise keine Städte errichten. Für soziale Angelegenheiten wie die Organisation einer Gemeinschaft, für Sicherheit, den Bau von Häusern, das Regeln der Lebensmittelversorgung und Ähnliches ist mathematische Abstraktion unerlässlich. Mathematik vereinfacht praktische Probleme und macht damit die Welt, in der wir leben, handhabbarer.

Die Frage nach dem Nutzen der Mathematik bezieht sich nicht nur auf die Mathematik in der Praxis, sie ist in erster Linie eine philosophische Frage. Daher beginnt und endet dieses Buch mit einem Ausflug in die Philosophie. Philosophen der Mathematik wie ich selbst beschäftigen sich schon seit Jahrhunderten mit der Frage, was Mathematik ist und wie sie sich anwenden lässt – ohne sich allzu sehr um Berechnungen und Formeln zu scheren. Zu einem Teil sind das noch offene Fragen, auch wenn wir innerhalb der Philosophie mittlerweile so weit fortgeschritten sind, dass wir angeben können, welche Form die richtige Antwort aufweisen müsste.

Dennoch wird – wie in den meisten philosophischen Fragen – jeder letztlich selbst entscheiden müssen, wie er über Mathematik denkt und welche Antwort auf diese philosophischen Fragen ihn am meisten anspricht. Auch ob er mit der Art und Weise, in der Mathematik gegenwärtig angewandt wird, glücklich ist, muss jeder selbst entscheiden. Wiegen die Vorteile von Facebook beispielsweise seine Nachteile auf? Die Antwort auf diese Frage überlasse ich Ihnen. Unterdessen versuche ich darzulegen, welche Rolle die Mathematik bei solchen Anwendungen spielt; warum Facebook die uns allen mittlerweile bekannten Nachteile hat und woran es liegt, dass sich diese Nachteile nicht mit einer simplen Veränderung der zugrunde liegenden mathematischen Idee aus der Welt schaffen lassen.

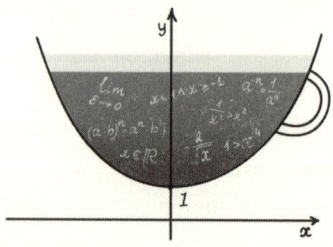

Mathematik in der Welt, in der wir leben

Jedes Mal, wenn Sie den Weg nicht kennen und Google Maps verwenden, vertrauen Sie auf ein kleines Stück Mathematik. Sie öffnen die App, um Ihren Zielort einzugeben und die Route zu suchen, und wenige Sekunden später erscheint auf dem Display Ihres Smartphones eine Reihe von Routenvorschlägen. Das gelingt Google nur, weil es Mathematik klug zu nutzen weiß.

Angenommen, man könnte Google dazu bewegen, die Route mit Hilfe menschlicher Mitarbeiter zu berechnen, die im Kartenlesen extrem gut wären. Jedes Mal, wenn jemand eine Route suchte, machten sie sich an die Arbeit. Das würde nicht nur sehr lange dauern, sondern wäre auch sehr ineffizient. Die Mitarbeiter müssten zum Beispiel für Leute, die sich nicht merken können, wie lange es dauert, von zu Hause zu ihren Freunden zu fahren, regelmäßig dieselben Routen berechnen. Am besten würde Google seine Mitarbeiter vorab alle möglichen Routen ermitteln lassen und sie für den Fall, dass sie mal jemand benötigen würde, speichern.

Hätte man damit etwas gewonnen? Die Wahrscheinlichkeit, dass andere genau dieselbe Route benötigen wie man selbst, ist nicht besonders groß, es sei denn, man wohnt in einem Studentenwohnheim und sucht den Weg zu einem bestimmten Universitätsgebäude. Meine Nachbarn besuchen zum Beispiel nie meine Freunde, während ich ständig vergesse, wie ich genau dorthin komme, und sie suchen auch nicht den Weg zu meinem Verlag, während ich mich immer mal wieder frage, wie lange ich dafür wohl brauche. Sofern Google nicht vorhersagen könnte, wohin meine Fahrten gehen, bräuchte man regelmäßig jemanden für die Berechnung einer neuen Route. Das Problem dabei ist: Wie gut diese Mitarbeiter mit der Karte auch umgehen könnten, das würde sich ein ganzes Weilchen hinziehen.

Daher überlassen wir das Kartenlesen der Mathematik. Ein Computer berechnet, wie wir fahren müssen, auch wenn er das bestimmt nicht so macht, wie es Menschen tun. Die Mathematik, die ein Computer verwendet, erkennt keine Straßen auf einem Satellitenfoto und kann die Distanzen auf einer Karte auch nicht mit Hilfe des Kartenmaßstabs ablesen. Stattdessen sehen Navigationssysteme die Welt als eine Ansammlung von Knotenpunkten, die durch Linien miteinander verbunden sind. Das hört sich vielleicht seltsam an, aber auch Menschen bedienen sich einer solchen Abstraktion: etwa für die Darstellung von S-Bahn-Plänen. Zur Illustration sehen Sie auf Seite 16 eine vereinfachte Darstellung des S-Bahn-Plans von Berlin.

Für die Mathematik, die hinter Google Maps steckt, wäre es ideal, wenn ein Nutzer nur mit der S-Bahn fahren müsste, denn dieser Plan ist schon in der richtigen Weise strukturiert. Der Computer könnte dann so tun, als würde er selbst auf den Linien zwischen den Punkten hin- und herfahren, wie ein kleiner Zug. Das einzige Problem besteht darin, dass Computer keinen Überblick über das gesamte Streckennetz

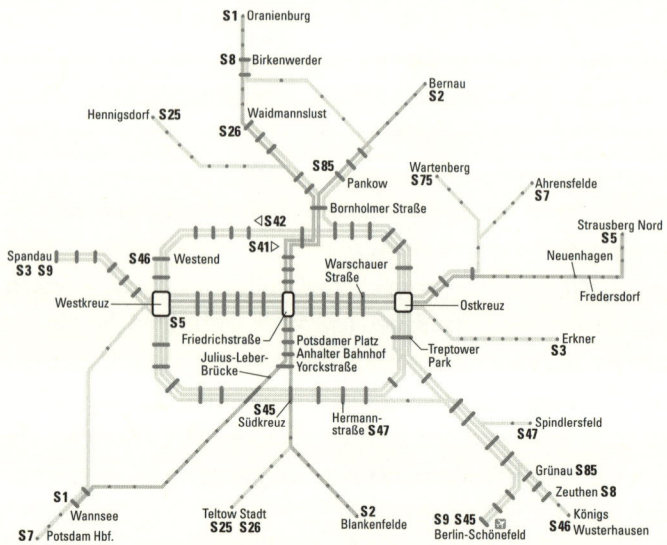

Vereinfachter S-Bahn-Plan von Berlin.

haben. Wenn Sie selbst eine Fahrt mit diesem S-Bahn-Plan festlegen müssten, zum Beispiel vom Anhalter Bahnhof (etwas unterhalb der Mitte des Plans) bis nach Strausberg Nord (ganz rechts, in der Mitte), hätten Sie sich schnell entschieden. Nach Strausberg Nord fährt die Linie S 5, und die kreuzt die Linien der S 1, S 2, S 25, S 26, an denen der Anhalter Bahnhof liegt, nur an der Station Friedrichstraße. Die schnellste und einfachste Route ist also wahrscheinlich: vom Anhalter Bahnhof mit der S 1, S 2, S 25 oder S 26 drei Stationen bis zur Friedrichstraße fahren und dann in die Linie 5 nach Strausberg Nord umsteigen.

Ein Computer muss einen umständlicheren Weg wählen, um nach Strausberg Nord zu gelangen. Die Mathematik hinter Google Maps bietet keine Übersicht, sie kann nicht sofort erkennen, wie der Anhalter Bahnhof zu Strausberg Nord liegt. Der fiktive Zug muss aufs Geratewohl herumfahren, bis er irgendwann am richtigen Ziel ankommt. Der Computer muss außerdem wissen, wie lange die S-Bahn braucht, um von einem Punkt zum anderen zu fahren. Jeder weiß, dass die Längen der auf einem S-Bahn-Plan abgebildeten Linien kein guter Indikator für die reale Wegstrecke und die benötigte Zeit zwischen zwei Stationen ist. Auf unserer Berliner Strecke braucht man zum Beispiel länger, um von Neuenhagen bis nach Fredersdorf zu kommen als von der Warschauer Brücke bis zum Ostkreuz, obwohl die Längen der Linien den gegenteiligen Eindruck erwecken.

Die Lösung für dieses Messproblem besteht darin, neben jede Linie im Netzwerk eine Zahl zu setzen, die angibt, wie viel Zeit die S-Bahn braucht, um diese Strecke zurückzulegen. Mit diesen Zahlen macht sich der Computer an die Arbeit. Die einfachsten Navigationssysteme fahren alle optionalen Strecken ab. Wobei die nächste Option, die der Computer jeweils wählt, immer die kürzeste noch nicht befahrene Route ist. Das klingt vielleicht etwas abstrakt, aber in der Praxis lässt sich das leicht nachvollziehen. Der Computer beginnt am Anhalter Bahnhof und schaut, welche Station von dort aus die nächstgelegene ist. Die Station Yorckstraße ist nur zwei Minuten Fahrzeit entfernt, also könnte das die erste Option sein. Fährt der Computer danach auf derselben Linie weiter Richtung Südkreuz oder Julius-Leber-Brücke? Nein, er macht einen zweiten Versuch in Richtung Potsdamer Platz. Die Strecke Anhalter Bahnhof–Potsdamer Platz ist kürzer als die zwischen Anhalter Bahnhof und Südkreuz oder Julius-Leber-Brücke. Erst danach bewegt sich der Computer zwei Stationen vom Anhalter Bahnhof fort.

Wenn man in dieser Weise verfährt, dauert es eine ganze Weile, bevor der Computer endlich in Strausberg Nord ankommt, der Station, die etwa 70 Minuten Fahrzeit und 25 Stationen vom Anhalter Bahnhof entfernt liegt. Der Computer ist auf seiner Rundfahrt bis dahin auch schon im südlicher gelegenen Erkner gewesen, denn dazu brauchte er nur 56 Minuten, und auch schon im nördlicher gelegenen Ahrensfelde, wohin ihn der Weg schon nach 50 Minuten führte. Schließlich kommt der Computer aber in Strausberg Nord an. Und wenn er Strausberg Nord einmal gefunden hat, weiß er mit Sicherheit, dass die Route, die er berechnet hat, die kürzeste ist. Das klingt alles andere als effizient, der menschliche Überblick und das Gespür für die richtige Richtung wirken viel praktischer. Dennoch ist der Computer schneller als wir, und das allein deshalb, weil er pro Sekunde viel mehr Routen berechnen kann.

Google Maps arbeitet ganz ähnlich. Die Punkte innerhalb des Systems sind nun keine S-Bahn-Stationen, sondern Orte, an denen sich Straßen kreuzen. Eine Autobahnabfahrt ist ebenso ein Punkt wie ein Kreisverkehr mitten in der Stadt. Mathematisch betrachtet, ist der Unterschied zwischen einer Autobahn oder einer Seitenstraße unerheblich, er wird sich später von selbst in der Fahrzeit niederschlagen, die in Google Maps wie im S-Bahn-Plan neben jeder Linie steht. Da man auf einer Seitenstraße bei Weitem nicht so schnell fahren darf wie auf der Autobahn und daher für die gleiche Strecke viel mehr Fahrzeit benötigt, steht in dem System neben der Linie für die Seitenstraße eine viel höhere Zahl. Die Zahlen können auch dafür genutzt werden, die Fahrzeit anzupassen, wenn irgendwo ein Stau ist. Das Einzige, was Google dann tun muss, ist, die Zahl neben diesem Straßenabschnitt von den üblichen 10 Minuten auf 20 Minuten zu erhöhen: wegen des Staus ergeben sich 10 Minuten mehr Fahrzeit. Wenn man die Route dann neu berechnet, wird die Verzögerung automatisch in die Berechnung mit aufgenommen, und es kann sein, dass man nun über eine Seitenstraße am Stau vorbeigeführt wird, weil eine Route, die zuvor ungünstiger erschien, nun schneller zu sein verspricht.

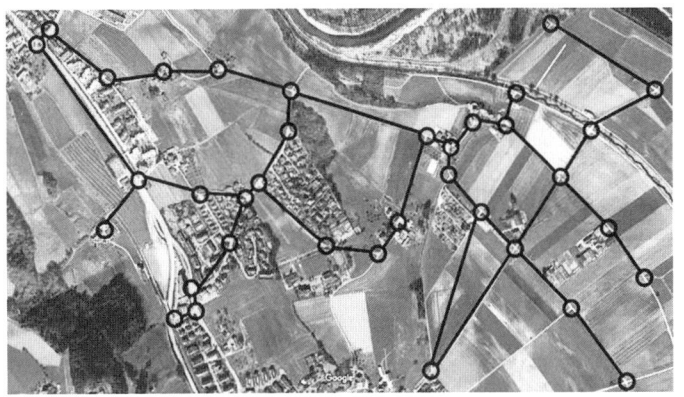

Ein Straßennetz, wie Google Maps es sieht.

Über kurze Distanzen funktioniert diese Methode sogar aus-
gezeichnet. Doch sobald man über weite Distanzen reisen
will, läuft die Mathematik aus dem Ruder. Stellen Sie sich vor,
Sie wollen von New York nach Chicago reisen, dann würde
Google zunächst alle Strecken von New York aus durchrechnen, für die man weniger als zwölf Stunden braucht – so
lange dauert es nämlich, wenn man die Strecke mit dem Auto
fährt.

Computer können fix rechnen, aber eine so große Zahl
von Berechnungen innerhalb kürzester Zeit durchzuführen,
das schafft selbst ein moderner Computer nicht. Deshalb verwendet Google Maps, soweit wir wissen (die genaue Methode
ist nicht öffentlich bekannt), eine Reihe mathematischer
Tricks, um weniger rechnen zu müssen. Auf sie gehe ich im
siebten Kapitel genauer ein.

Wie wir gesehen haben, stecken die Empfehlungen für
Reiserouten voller Mathematik. Diese Mathematik ist nicht
unbedingt klüger als wir. Die verzweifelte Suche nach dem
Ziel, die ein Computer unternimmt, ist oftmals alles andere

als effizient. Die Mathematik trägt also gar nicht so viel zur Vereinfachung des Problems bei; ein Computer muss letztlich mehr Arbeit investieren als ein Mensch. Dennoch vereinfacht die Verwendung von Mathematik und Computern die Situation: Da ein Computer pro Sekunde wahnsinnig viele Berechnungen durchführen kann, lässt sich die richtige Route erheblich schneller finden.

Empfehlungen von Netflix

Nachdem Google für Sie eruiert hat, welche S-Bahn-Route Sie nehmen müssen, scrollen Sie auf dem Bahnsteig durch die neuen Filme und Serien auf Netflix. Neben jedem Film steht eine grüne Prozentzahl, die angibt, wie gut dieser Film zu denen passt, die Sie sich normalerweise anschauen. Manchmal liegt Netflix damit völlig falsch, und der Film, den Sie eigentlich großartig finden müssten, ist ziemlich enttäuschend. Aber wenn Sie diese Prozentzahlen zur Abwechslung mal nicht außer Acht ließen, ergäbe sich daraus ein recht zutreffendes Bild Ihres Film- und Seriengeschmacks. Je mehr Filme Sie sich ansehen, desto stärker verändert sich das Bild, das zudem vollkommen automatisch erstellt wird. Es gibt also irgendwo ein Computerprogramm, das, ohne sich auch nur im Geringsten mit Filmen und Serien auszukennen, weiß, was zu Ihnen passt und was nicht.

Netflix arbeitet dabei natürlich mit den ihm verfügbaren Daten. Es gibt ungeheuer viele Menschen, die sich Filme und Serien über Netflix anschauen, und das alles wird registriert. Netflix weiß, welche Serien und Filme Sie sich ansehen. Sehr vereinfacht gesagt bedeutet das, dass Netflix auch weiß, welche Kategorie von Serien und Filmen Sie bevorzugen: ausschließlich Dokumentarfilme über das Erstellen von Kursbüchern oder Horrorfilme oder irgendetwas anderes. Außerdem sortiert Netflix alle Filme, die auf seiner Website stehen, in Kategorien ein. Bringt man beides nun zusammen, hat man prompt eine Empfehlung. Wenn Sie sich vor allem Horrorfilme ansehen, möchten Sie bestimmt einen Horrorfilm sehen, den Sie noch nicht kennen. So schwierig kann das doch nicht sein, oder?

Die Schwierigkeit liegt zum Teil darin, was Netflix darüber hinaus noch tut. Für alle möglichen anderen Filme und Serien, die nicht unter die Kategorie Horrorfilme fallen, gibt Netflix ebenfalls eine Bewertung in Form eines Prozentsatzes ab. Dieser Prozentsatz gibt Auskunft darüber, wie gut der Film zu dem passt, was Sie sich normalerweise anschauen. Netflix entscheidet also auch darüber, in welchem Maße ein Abenteuerfilm mit einer Reihe Horrorfilme übereinstimmt. Wenn der Abenteuerfilm mehr Spannungselemente enthält, passt der beispielsweise besser zu Ihrem normalen Sehverhalten als ein Film, in dem kaum etwas Aufregendes passiert. Solche Details erfährt man oft von Freunden, wenn man sie um einen Filmtipp bittet. Doch auch diesen Service bietet Netflix, selbst wenn es damit längst nicht das Niveau der Tipps echter Cineasten erreicht.

Noch schwieriger gestaltet sich das Ganze, wenn Sie vielleicht nur eine gewisse Art von Horrorfilmen schauen, beispielsweise nur Filme, in denen nicht zu viel Blut fließt. Dann werden zahlreiche blutrünstige Horrorfilme als Empfehlungen viel weniger zu Ihnen passen als ein etwas spannenderer Abenteuerfilm. Wenn man sich nur am Genre orientiert, erhält man nicht immer die besten Empfehlungen, denn was wirklich zählt, ist die Story des Films. Doch davon versteht der Computer noch nichts; eigentlich müsste Netflix dafür Mitarbeiter einstellen, die alle Filme und Serien, die jeder einzelne Nutzer schaut, unter die Lupe nehmen, um anschließend zu sagen, was sich darin inhaltlich gleicht. Bei Abermillionen von Nutzern ist das natürlich nicht möglich. Die Empfehlungen müssen von einem Computer generiert werden.

Die Idee hinter diesem Trick ist eigentlich ganz einfach: Eine gute Empfehlung zeichnet sich dadurch aus, dass sie dem ähnlich ist, was einem gefällt. In der ganzen Welt schauen Menschen via Netflix Serien und Filme, die sie gut finden und die daher zu anderen Serien und Filmen passen, die sie früher gesehen haben. Zwei Filme sind einander ähnlich, wenn sich viele Nutzer einen dieser Filme ansehen, nachdem sie sich zuvor den anderen Film angesehen haben. Wenn es sehr viele Nutzer gibt, die sich nach *Iron Man* auch *Iron Man 2* angesehen haben, werden sich diese Filme wohl sehr ähnlich sein, daher ist *Iron Man 2* wohl eine gute Empfehlung für die Nutzer, die zuvor *Iron Man* gesehen haben. Je mehr Menschen Netflix nutzen, desto genauer ist die Vorhersage für Filme und Serien aus seinem Angebot. Das Computerprogramm schlägt Filme und Serien vor, die viele andere gesehen haben und hierbei ungefähr die gleichen Vorlieben hatten wie Sie.

Das ist eine Lösung, die ein Problem in sich birgt. Netflix hat Millionen von Nutzern, die alle eine Menge Filme und Serien gesehen haben. Mit dem Trick, den Netflix anwendet, lässt sich das Problem, eine Empfehlung auszusprechen, durch eine simple Rechenaufgabe lösen: Man registriert, wie viele Nutzer, die dieselben Filme und Serien gesehen haben, den empfohlenen Titel gesehen haben. Das Problem steckt in der Umsetzung, die ich hier in vereinfachter Form wiedergebe (auch wenn die konkreten Details nicht öffentlich bekannt sind). Selbst die Nutzer, die bis auf einen Film oder eine Serie dasselbe geschaut haben wie Sie, müssen mitgezählt werden. Und was ist, wenn Sie sich nicht nur Horrorfilme anschauen, sondern auch Dokumentarfilme mögen? Dann bleiben plötzlich viel weniger Leute übrig, die genau dieselben Titel ausgewählt haben wie Sie. Je weniger Nutzer, desto unpräziser die Empfehlung. In der Praxis gestaltet sich die einfache Idee schon bald um einiges komplizierter.

Daher ist es hilfreich, das gesamte Angebot wie in einer Karte wiederzugeben, die Ähnlichkeiten mit der Streckenkarte der S-Bahn hat, den wir vorhin gesehen haben. Jeder Film oder jede Serie ist durch einen Punkt dargestellt, er symbolisiert gewissermaßen einen Bahnhof in der Netflixwelt. Von jedem Bahnhof aus kann man zu jedem anderen reisen, dafür muss man sich nur zwei verschiedene Filme oder Serien auf der Website von Netflix anschauen.

Um mit dieser Karte rechnen zu können, muss man auch hier Zahlen hinzufügen. In diesem Fall handelt es sich dabei natürlich nicht um die Fahrzeiten von einer S-Bahn-Station zur nächsten, sondern um die Anzahl der Nutzer, die beide Filme oder Serien gesehen haben. Oder anders gesagt, es wird gezählt, wie viele von einer Station zu einer anderen gehüpft sind. Das sieht beispielsweise wie in folgendem Schaubild aus, in dem die (fiktiven) Zahlen angeben, wie viele Leute jeweils beide Filme gesehen haben.

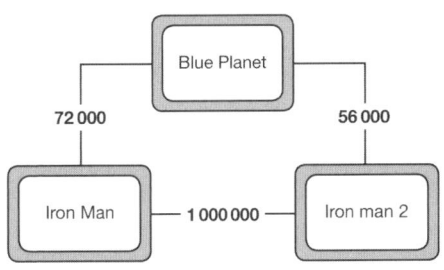

Netflix, auf drei Filme begrenzt.

Bei diesem Schema stellt sich die Frage, welche Prozentsätze diesen Filmen zuzuordnen sind. Dabei gibt ein solcher Prozentsatz an, mit welcher Wahrscheinlichkeit ein Film oder eine Serie zu Ihnen passt. Stellen Sie sich vor, Sie hätten auf Netflix nur *Iron Man* gesehen. Der Computer soll nun vorhersagen, wie gut Ihnen *Iron Man 2* und *Blue Planet* gefallen würden. Der Abbildung nach muss *Iron Man 2* einen sehr hohen Prozentsatz erhalten. Denn schließlich passt ein Film besonders gut zu Ihnen, wenn viele Nutzer mit Ihrem Filmgeschmack auch diesen anderen Film gesehen haben. *Blue Planet* muss dagegen eine schlechtere Bewertung erhalten, denn nur wenige Nutzer haben sich sowohl *Blue Planet* als auch *Iron Man* angesehen. Außerdem gibt es wenige Nutzer, die sowohl *Iron Man 2* (der dem Computer zufolge gut zu Ihnen passt) als auch *Blue Planet* gesehen haben. Noch ein Grund mehr also, *Blue Planet* schlechter zu bewerten.

Letztendlich verwendet ein Computer seine eigenen Voraussagen, beispielsweise darüber, wie gut Ihnen *Iron Man 2* gefallen würde, um die Voraussagen für andere Filme und Serien zu verbessern. Mit drei Filmen lässt sich das gut überblicken, doch versuchen Sie das einmal mit Tausenden von Filmen und Serien. Im Prinzip kann man das herausfinden; mit genügend Zeit und Raum lässt sich schließlich auch jede Route, die man fahren will, ohne Mathematik zusammenstellen. Aber dank der Mathematik, und vor allem dank der Graphen, die im siebten Kapitel zur Sprache kommen, ist es eben nicht nur im Prinzip möglich. Es ist praktisch durchführbar, wenn man über einen entsprechend leistungsfähigen Computer verfügt. Die mathematische Version dieses Puzzles ermöglicht es Netflix, rein automatisch vorherzusagen, ob ein Film oder eine Serie Sie ansprechen wird.

Mathematik begegnet uns jeden Tag an allen möglichen Orten. Das meine ich natürlich nicht buchstäblich. Selbst ich muss an einem gewöhnlichen Tag nichts berechnen, obwohl ich für meine Arbeit über Mathematik nachdenke. Trotzdem spielt Mathematik im Hintergrund eine wichtige Rolle. Ohne Mathematik gäbe es kein Google Maps, das Ihnen den Weg zeigt. Netflix könnte Ihnen zwar aufs Geratewohl Filme und Serien vorschlagen, hätte aber viel weniger treffsichere Empfehlungen. Die Suchmaschine von Google würde kaum funktionieren. Kurzum: Dienste, die wir tagtäglich nutzen, sind nur möglich, weil sie hinter den Kulissen Mathematik verwenden.

Netflix, Google und Navigationssysteme sind Beispiele für Dienste, die von ein und demselben Zweig der Mathematik abhängen – von der Graphentheorie. Doch das ist nicht das einzige bedeutsame Terrain der Mathematik. Ihr Smartphone macht Sie beispielsweise ständig auf Zeitungsartikel aufmerksam, in denen sich Statistiken finden, beispielsweise Wahlumfragen, die die politischen Tendenzen eines ganzen Landes skizzieren. Was aber soll man von diesen Statistiken halten? Schließlich liegen sie doch oft genug daneben. Denken Sie nur an die amerikanischen Präsidentschaftswahlen im Jahr 2016. Den Umfragen zufolge hätte Hillary Clinton gewinnen müssen. Statistiken können also leicht in die Irre führen, sogar wenn keine Absicht dahintersteckt. Für den, der nicht weiß, was dabei alles falsch gemacht werden kann, ist eine solche Statistik nahezu nutzlos. Was uns die Umfragen mitteilen, ist ja interessant, doch wie können wir ihnen noch vertrauen, wenn sie möglicherweise so sehr danebenliegen?

Sie schauen kurz von Ihrem Smartphone auf, um einen Espresso zu bestellen. Der wird mit einer dieser großen Kaffeemaschinen aus rostfreiem Stahl aufgebrüht, die Wasser erhitzen, bis es genau die richtige Temperatur für Espresso hat. Wenn es ein Luxusmodell ist, spielt sich dabei noch mehr ab. Der Apparat registriert, wie schnell sich das Wasser erwärmt, und berechnet anhand der verfügbaren Daten, ob es noch weiter erhitzt werden oder sich etwas abkühlen muss, bis die perfekte Temperatur erreicht ist, um den Kaffee zu brühen. Sie bemerken es zwar nicht, aber vor Ihren Augen werden die Formeln, über die mein Mathematiklehrer früher dozierte, genutzt, um Ihnen eine Tasse Kaffee zu kochen.

In der Zwischenzeit lesen Sie die neuesten politischen Nachrichten. Das Kabinett hat einige Reformen vorgeschlagen. Ob es wohl eine gute Idee war, an den bisherigen Bestimmungen herumzudoktern? Um möglichst objektiv urteilen zu können, sehen Sie sich die Prognosen zu den neuen Plänen an. Wirtschaftsforschungsinstitute haben ihre Berechnungen veröffentlicht. Ob etwas letztlich eine gute oder schlechte Idee ist, kann von derart vielen Dingen abhängen, dass es sich kaum nachverfolgen lässt. Die eine Berechnung, die besagt, dass Sie aufgrund der Reformen letztlich mehr Geld in der Tasche haben, fokussiert alle Faktoren auf den einzigen Punkt, der für Sie momentan relevant ist. Auch dazu ist eine Menge Mathematik nötig.

So gesehen hat die Mathematik ungeheuer viel Einfluss auf Ihr Leben. Auch wenn Sie selbst nichts berechnen, sind Sie doch von allen möglichen Berechnungen abhängig. Die Informationen, die wir nutzen, um Entscheidungen zu treffen, sind das Ergebnis der mathematischen Arbeit anderer. Selbst welche Information wir letztlich zu sehen bekommen, hängt von einer Berechnung irgendwo auf einem Computer von Google, Facebook oder einer anderen Website ab, die Informationen filtert. Auch die Technologie in unserem Lebensumfeld nutzt immer mehr Mathematik. Der luxuriöse Kaffeeautomat im Café um die Ecke, der Autopilot im Flugzeug, mit dem wir in die Ferien fliegen, und der Computer, von dem wir tagtäglich bei unserer Arbeit abhängig sind: Sie alle hängen am Tropf der Mathematik. Heute, da Mathematik sich in immer mehr Bereichen findet, wird es auch immer wichtiger, etwas von Mathematik zu verstehen und zu durchschauen, wie sie unser Leben beeinflusst.

Darum, dass es sinnvoll ist, heute etwas von Mathematik zu verstehen, geht es im Großteil dieses Buches. Doch was ist Mathematik eigentlich und wie funktioniert sie? Das ist eine originär philosophische Frage, die auf Platon und Sokrates zurückgeht. Schon diese Philosophen fragten sich, worum es in der Mathematik geht und wie wir etwas darüber lernen können. Abgesehen davon – kommt es uns, wenn wir etwas länger darüber nachdenken, nicht höchst sonderbar vor, dass sich die Mathematik so gut anwenden lässt, obwohl sie doch so extrem abstrakt ist? Wie lässt es sich erklären, dass Mathematik trotz allem so nützlich ist? Für eine Antwort darauf bedarf es ein wenig Philosophie.

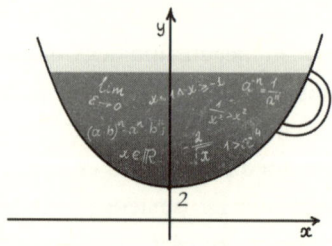

Fern unserer Welt?

Eine Gruppe Gefangener sitzt festgekettet an einer Wand. Ihre Köpfe sind so eingeklemmt, dass sie nur geradeaus auf eine andere fensterlose Wand starren können. Die Gefangenen sind sogar schon ihr Leben lang an diese Mauer gekettet und halten daher die Schatten, die sie auf der gegenüberliegenden Wand sehen, für reale Dinge. Sie glauben selbst, sie könnten diese festhalten, wenn sie nur nahe genug an sie herankämen. Dabei wissen die Gefangen nicht einmal, dass es außer diesen Schatten an der Wand auch noch andere Dinge gibt. Ihre Welt besteht ausschließlich aus Schattenbildern.

So beginnt Platons Höhlengleichnis. In ihm vergleicht er uns mit diesen Gefangenen. Die Dinge, die wir in der Welt, in der wir leben, sehen, sind eigentlich nur Schatten. Das, was die Schatten wirft, können wir niemals direkt anschauen. Natürlich existiert beispielsweise der Tisch, an dem Sie sitzen. Platon jedoch sähe in ihm nur einen dieser Schatten an der Wand. Dieser spezielle Tisch ist nämlich nicht das, woran Platon interessiert ist. Ihm geht es eigentlich um das Abstrakte, das alle Tische miteinander verbindet; um den Grund, warum das Ding vor meiner Nase ein Tisch ist und nicht etwas anderes. Diesen abstrakten Grund kann man nicht ohne Weiteres sehen. Man kann nur herausfinden, was die Schatten an die Wand wirft, wenn man sich alle möglichen Tische in seinem Umfeld anschaut.

Platons Auffassung nach verhält es sich mit der Mathematik ebenso, und das ist daher auch seine Antwort auf die Frage: Womit beschäftigt sich die Mathematik? Für Platon gehören Zahlen zu den Dingen, die Schatten werfen. Wir können sie nicht einfach betrachten. Eine Zahl ist nichts, was man greifen kann oder wogegen man stößt, während man beim Gehen auf sein Smartphone starrt. Natürlich kann man eine Zahl mit einer Ziffer wie «2» aufschreiben, aber ebenso wie das Wort «Sonne» nicht der entsprechende Stern ist, ist die Ziffer «2» nicht dasselbe wie die Zahl, über die ich zu sprechen versuche. Um bei Platons Beispiel zu bleiben, der Raum, der uns umgibt, besteht aus nichts anderem als aus diesen Schatten, wohingegen sich die Zahl irgendwo außerhalb unseres Gesichtsfeldes bewegt.

Auf diese Weise kann man über Mathematik nachdenken. Wenn wir mit Zahlen hantieren und so etwas sagen wie $1 + 1 = 2$, dann sprechen wir über Dinge, die tatsächlich existieren. Sie existieren nur nicht auf die gleiche Weise wie der Tisch vor unseren Augen. Platon dachte, dass sie noch «wirklicher» seien, weil er abstraktes Wissen für bedeutsamer hielt als das Wissen über konkrete Dinge. Daher reduzierte er die Dinge, die Menschen normalerweise in ihrer Umgebung sehen, auf Schatten und dachte, dass Zahlen in einem alternativen Universum gewissermaßen umherschweben würden. Das geht wohl ein wenig zu weit, doch seine Auffassung, dass Zahlen real existieren, war so einflussreich, dass wir heute noch Menschen, die ähnlich denken, als Platoniker bezeichnen.

Soll das nun Mathematik sein? Es mag logisch klingen, auf

diese Weise über Mathematik nachzudenken; so wie unser Mathematiklehrer uns die Welt der Mathematik erklärte: als eine reale Welt, auch wenn wir sie nicht sehen können. Mathematiker erforschen diese Welt ganz so, wie Physiker die für uns sichtbare Welt erforschen. Damit ist Mathematik wohl etwas, was uns sehr fernliegt. Kein Wunder also, dass sich so viele Menschen mit Mathematik schwertun: Schließlich muss man erst einmal ausklamüsern, wie man zu dieser anderen Welt gelangt, bevor man auch nur das Geringste darüber lernen kann!

Doch wie lernt man etwas über eine Welt, die man weder sehen, fühlen, riechen noch sonst irgendwie wahrnehmen kann? Nach Ansicht Platons und der Platoniker ist die Mathematik von allen Dingen unseres Alltagslebens völlig losgelöst. Oder vielleicht doch nicht ganz: Um zu zeigen, wie wir dennoch mit der Mathematik in Berührung kommen können, schildert Platon eine Begebenheit mit einem Sklaven im Haus eines Freundes. Diesem Sklaven, der keinerlei Bildung besitzt, wird die Aufgabe gestellt, ohne zu messen ein Quadrat zu zeichnen, das zweimal so groß wie ein bereits in den Sand gezeichnetes Quadrat ist. Die Aufgabe erweist sich als ziemlich schwierig: Wenn man das Quadrat vergrößert, indem man beide Seitenlängen verdoppelt, ergibt sich nämlich ein Quadrat, das viermal so groß ist. Ohne Lineal ein Quadrat zu erhalten, das genau doppelt so groß ist, verlangt nach einer scharfsinnigen Lösung.

In Platons Beispiel stellt Sokrates dem Sklaven vielerlei Fragen. Diese Fragen sind so gewählt, dass der Sklave letztlich kapiert, dass der Dreh bei der Sache darin liegt, ein neues Quadrat anhand der Linie zu zeichnen, die diagonal durch das ursprüngliche Quadrat verläuft. Um ein Quadrat zu erhalten, das doppelt so groß ist wie das hellgraue Quadrat in der Abbildung auf der rechten Seite, nutzt man die gepunktete Diagonale. Stellt man sich vier der hellgrauen Quadrate zusammengefügt vor, erhält man, wie leicht zu sehen ist, ein viermal größeres Quadrat. Um ein Quadrat zu erhalten, das zweimal so groß ist, muss man davon also zunächst die Hälfte nehmen. Dazu verwendet man die Diagonalen: Sie schneiden jedes Quadrat genau mittendurch, so dass von allen vier Quadraten jeweils die Hälfte übrig bleibt. Dann setzt man diese Hälften wie in der Figur unten wieder zusammen, und schon ist man fertig: Man hat ein Quadrat, das genau doppelt so groß ist wie das, mit dem man begonnen hat!

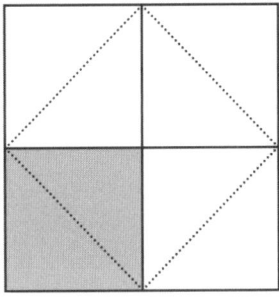

Wie erstellt man ein Quadrat, das zweimal so groß ist?

Platon gibt in diesem Beispiel in der Gestalt von Sokrates nur Hilfestellung in Form von Fragen. Auf diese Weise kommt der Sklave allmählich «selbst» dahinter, dass sich mit dem dargestellten Verfahren ein Quadrat verdoppeln lässt. Platon, der hiermit natürlich zeigen möchte, wie man Mathematik lehrt, schließt daraus, dass der Sklave die Antwort eigentlich schon wusste; Sokrates habe ihm nur dabei geholfen, einen Weg zu finden, sich an die Antwort zu erinnern. Denn – so Platon – in einem früheren Leben haben wir alles, was es über Mathematik zu wissen gibt, schon gewusst. Dieses Wissen verbirgt sich noch immer irgendwo in unserem Geist, tief in unserem Unterbewussten. Um etwas über Mathematik zu lernen, müssen wir uns demzufolge nur daran erinnern, was wir schon wissen.

Klingt das weit hergeholt? Das kann man wohl sagen, denn was Platon als Lösung anbietet, ist barer Unsinn. Sokrates mogelt mit den Fragen in seinem Beispiel; eigentlich zeichnet er zunächst die Antwort in den Sand und beginnt im Anschluss daran mit seinen Ja-Nein-Fragen, durch die der Sklave schließlich einsieht, dass der Trick mit der Diagonale funktioniert. Er kommt «selbst» auf den Dreh, aber doch nur, weil ihm alle Schritte erklärt werden, zufälligerweise in Form von Fragen. Und dann wird auch noch behauptet, er erinnere sich an das alles aus einem früheren Leben? Das muss dann wohl ein ganz besonderes früheres Leben gewesen sein, wenn er darin über die ganze Mathematik Bescheid wusste.

Wenn das Unsinn ist, wie ist es dann möglich, etwas über die Welt der Mathematik zu lernen? Wie das vonstattengeht, wissen wir noch immer nicht. Von den heutigen Platonikern, die glauben, dass es in der Mathematik tatsächlich um reale Zahlen geht, sagt jeder etwas anderes. Ob einer von ihnen recht hat, steht noch infrage. Im Übrigen denken sie natürlich alle, dass sich Mathematik erlernen lässt: Wir haben schließlich gerade gelernt, wie wir ein Quadrat zeichnen können, das zweimal so groß ist wie das ursprüngliche Quadrat. Selbst der hoffnungsloseste Schüler weiß noch irgendetwas über Zahlen. Es ist den Platonikern nur noch nicht gelungen zu erklären, wie das genau vor sich geht, wie wir trotz allem etwas über die unerreichbare, abstrakte Welt der Mathematik lernen können.

Aber warum sollten wir eigentlich denken, dass diese Welt der Mathematik so unerreichbar und abstrakt ist? Platon dachte das, weil zu seiner Zeit viele Mathematiker dieser Meinung waren, und die heutigen Mathematiker behaupten dasselbe. Aber sollen wir ihnen denn glauben? Es gibt eine ganze

Reihe moderner Philosophen, die die Auffassung vertreten, dass wir das besser nicht tun sollten. Vergessen Sie die Gefangenen in der Höhle. Denken Sie an Sherlock Holmes.

Die Mathematik
als eine einzige große Erzählung

Sherlock Holmes wohnt in London, in der Baker Street 221b. Das Haus kann man besichtigen. Aber er hat hier natürlich nicht wirklich gewohnt; Sherlock Holmes ist ein fiktiver Detektiv. Über ihn sind viele Geschichten geschrieben und viele Filme und Serien gedreht worden. Deshalb denken wir nicht gleich: Was ist das doch für ein Unsinn, wieso wohnt Sherlock Holmes in London? In den Geschichten über ihn wohnt er in London, aber im realen London hat nie jemand dieses Namens an dieser Adresse gewohnt. Auf diese Weise lässt sich auch über Mathematik nachdenken.

Die Mathematik erzählt nämlich eine Geschichte: über Zahlen, Formen und alle möglichen anderen Dinge. Die Mathematik handelt von einer Welt, die so aussieht, wie Platon sie sich vorstellt. In ihr verändert sich niemals etwas, und alles steht in einem völlig logischen Zusammenhang. Aber ebenso wie die Geschichten von Sherlock Holmes – sagen die Nominalisten – ist sie bloß fiktiv. Diese Welt, mit der es die Mathematik zu tun hat, existiert überhaupt nicht. Mathematiker sprechen zwar von Dingen wie Zahlen und Dreiecken, aber diese Dinge gibt es nicht. Das Einzige, was real ist, sind die Dinge, die wir in unserer Umgebung sehen. Es gibt schlichtweg keine gesonderte Welt, in der Zahlen umherschweben.

Anders gesagt: Platon zufolge entdecken wir mathematische Dinge. Aber vielleicht gibt es gar nichts zu entdecken, und wir haben uns alles, was die Mathematik ausmacht, einfach nur ausgedacht. Das kann auch zu etwas absonderlichen Aussagen führen. Weil die Dinge, um die es in der Mathematik geht, nicht wirklich existieren, ist auch nichts, was man über diese Zahlen, Dreiecke usw. sagt, *wahr*. Wir sagen: 3 ist eine Primzahl, und $1 + 1 = 2$, aber das stimmt nicht; $1 + 1 = 2$ ist unwahr, weil Zahlen überhaupt nicht existieren. Es ist ebenso unwahr wie die Aussage, dass Sherlock Holmes in London gewohnt hat, weil auch er nicht wirklich existiert.

Warum kann man dann nicht zu seinem Lehrer sagen, dass alles in der Mathematik Unsinn ist? Weil an der Mathematik durchaus etwas Wahres ist, auch für die Nominalisten. Meine Aussagen über Sherlock Holmes beispielsweise sind in gewissem Sinne wahr. Sie stehen in Einklang mit der Erzählung von Sir Arthur Conan Doyle. Wenn ich behaupten würde, dass Holmes in Alaska lebte, könnte man mir Auszüge aus seinen Büchern zeigen, die meine Behauptung widerlegen. Wir können jederzeit überprüfen, ob eine Aussage über Sherlock Holmes mit den Büchern über ihn übereinstimmt. Mit der Mathematik verhält es sich genauso: Die Aussage $1 + 1 = 3$ steht nicht in Einklang mit der Erzählung der Mathematik.

Dennoch möchte ich noch einmal in Erinnerung rufen, dass wir nicht genau wissen, wie die Mathematik funktioniert. Anders gesagt, wir wissen nicht, ob die Mathematik Entdeckungen in einer abstrakten Welt macht, die für uns nur unter großen Mühen erreichbar ist, oder ob wir uns das alles ausdenken. Das rührt daher, dass es bisher weder den Platonikern noch den Nominalisten gelungen ist, gut zu erklären, wie wir Mathematik erlernen.

Für Platon lag die Schwierigkeit darin zu erklären, wie man zur mathematischen Welt gelangt. Das ist kein so großes Problem, wenn diese Welt nicht existiert. Wie wir etwas über Sherlock Holmes herausfinden, ist beispielsweise völlig klar:

indem wir ein Buch lesen. Wenn wir uns merken können, was im Buch steht, haben wir etwas über den Detektiv gelernt. Doch wenn es um Mathematik geht, ist das schon schwieriger. Die Erzählungen der Mathematik sind nämlich besonderer Natur; oft sind wir durchaus der Überzeugung, dass es in ihnen um die reale Welt geht, in der wir leben. Mathematiker nehmen diese Erzählungen wörtlich, wohingegen niemand die Bücher über Sherlock Holmes für bare Münze nimmt. Das macht es schwierig zu erklären, wie Mathematik funktioniert. Wie ist es möglich, dass Menschen, die buchstäblich Unwahres von sich geben, dennoch eine Wissenschaft aufbauen können, die als sehr streng und wertvoll anerkannt ist? Auf diese Frage haben die Nominalisten noch immer keine gute Antwort.

So weit die Philosophie. Es ist nicht tragisch, wenn Sie den komplizierten Einzelheiten, über die sich die Philosophen den Kopf zerbrechen, nicht bis ins kleinste Detail folgen konnten. Ich möchte Ihnen damit vor allem vor Augen führen, dass es mindestens zwei Möglichkeiten gibt, Mathematik zu betrachten. Wie unterschiedlich die Platoniker und die Nominalisten auch darüber denken mögen, beide Modelle versuchen zu erklären, wie Mathematik funktioniert, oder zu schildern, was sich abspielt, wenn wir uns mit Mathematik befassen. Die Platoniker sagen, dass wir dann allerlei über eine Welt voller abstrakter Dinge erfahren. Die Nominalisten hingegen behaupten, dass diese Welt überhaupt nicht existiert und wir uns das alles nur ausdenken. Wenn Ihnen dieser Unterschied deutlich geworden ist und Sie in Rechnung stellen, dass wir immer noch nicht wissen, welches Modell richtig ist, wissen Sie genug.

Wenn das Gezanke der Philosophen etwas deutlich macht, dann die Tatsache, dass es in der Mathematik um etwas ungeheuer Abstraktes geht. Daher ist es auch gar nicht so erstaunlich, wenn man in der Schulzeit nicht weiß, wofür das alles gut sein soll. Die Mathematik scheint mit der Welt, in der wir leben, in keinerlei Zusammenhang zu stehen, ob man sich die Mathematik nun als eine Welt vorstellt, die auf keine Weise mit dem Konkreten in Berührung kommt, oder als eine Erzählung – denn was hat diese Erzählung schon mit unserer eigenen Welt zu schaffen? Wir greifen ja auch nicht zu den Erzählungen über Sherlock Holmes, wenn wir etwas über die Natur erfahren möchten. Warum sollten wir das dann mit den Erzählungen der Mathematik tun? Wie ist es möglich, dass die Mathematik, die nichts mit der konkreten Welt zu tun hat, dennoch dafür von Nutzen sein kann, diese Welt zu begreifen?

Schließlich wissen wir, dass die Mathematik unglaublich hilfreich sein kann, die Welt besser zu verstehen. Im ersten Kapitel haben wir bereits einige Beispiele dafür gesehen. Dabei kam der Mathematik vor allem die Rolle zu, Probleme zu vereinfachen. Gerade der abstrakte Charakter der Mathematik ist hilfreich, und das nicht nur im alltäglichen Leben. Auch Wissenschaftler haben die Mathematik jahrhundertelang dazu genutzt, um Neues zu entdecken. Diese Geschichten sind besonders erstaunlich, weil sie belegen, dass die Mathematik *noch* nützlicher ist, als man annehmen könnte, wenn man sich nur die Beispiele des ersten Kapitels ansieht. Da wäre zunächst einmal die Geschichte von Isaac Newton.

Während einer Pestepidemie saß der junge Newton auf dem Lande unter einem Apfelbaum und schaute vor sich hin. Plötzlich fiel ihm ein Apfel auf den Kopf, und Newton dachte:

Das ist es! Die Schwerkraft! So geht zumindest die Legende. Apfel oder nicht, Newtons Ideen über die Schwerkraft waren bahnbrechend. Zum ersten Mal in der Geschichte kam jemand der Gedanke, dass man das Herabfallen von Dingen auf die Erde auf dieselbe Weise erklären kann wie die Bewegung der Sterne und Planeten. Der Rest ist Geschichte. Wir wissen alle, das Newtons Idee brillant war und keineswegs nur eine verrückte Theorie über zwei Dinge, die nichts miteinander zu tun haben.

Letzteres dachten allerdings seine Zeitgenossen. Newton beschreibt die Schwerkraft als etwas, das auf Distanz wirkt und auf fast magische Weise dafür sorgt, dass Dinge einander anziehen. Zu seiner Zeit drehte sich alles um Kollisionen: Alles passierte, so dachte man damals, weil Dinge miteinander in Kontakt kommen. Das ist gar kein so abwegiger Gedanke, denn wie sollten sie Einfluss aufeinander nehmen können, wenn sie sich nicht einmal nahe kommen? Wie kann die Erde «wissen», dass es die Sonne gibt und diese an der Erde zieht, wenn sie überhaupt nicht miteinander in Kontakt kommen? Dank Einstein haben wir darauf heute eine rationale Antwort, aber als Newton die Schwerkraft präsentierte, gab es die noch nicht. Es gab nur ein mathematisches Paradestück, von dem noch fraglich war, ob es auch richtig war.

Dass Newton im Großen und Ganzen richtiglag, wissen wir dank der Vorhersagen seiner Theorie. Sie stimmten ganz genau mit den Geschehnissen überein, die wir in der Welt wahrnehmen: Nun, da wir alles viel genauer erforschen können, hat sich dies auch bestätigt. Zu Newtons eigener Zeit war es längst nicht so offensichtlich, dass seine Theorie die beste war. Was die Wissenschaftler damals sahen, wich mitunter gut und gern 4 Prozent von dem ab, was Newton vorhersagte; dennoch fand er, dass eine Theorie, die sowohl für die Erde als auch für die anderen Planeten gilt, besser sei. Eine solche

Theorie sieht «schöner» aus. Sie ist nicht nur physikalisch einfacher, sondern auch mathematisch weniger kompliziert.

Das Überraschende liegt darin, was sich danach ereignete. Physiker überprüften Newtons Theorie auch in der Folgezeit. Dank der Instrumente, die wir heute haben und die natürlich viel exakter sind als alles, was Newton zur Verfügung stand, wissen wir mittlerweile, dass seine Theorie nie mehr als 0,0001 Prozent Abweichung aufwies. Ohne dass Newton es hatte wissen können, erwies sich seine Entscheidung, einer mathematisch schönen Theorie den Vorzug zu geben, als großer Erfolg. Die mathematischen Vorhersagen stellten sich als äußerst präzise heraus. Dabei war seine Theorie, die dort unter diesem Apfelbaum in der englischen Landschaft entstanden sein soll, gar nicht darauf angelegt.

«Zufall!», ruft der skeptische Leser. Newton hatte einfach Glück, im Gegensatz zu all den anderen, deren Namen längst vergessen sind. Vielleicht ist es tatsächlich Zufall, aber solche Geschichten gibt es einfach zu viele, um über sie hinwegzusehen. Kopernikus präsentierte das Modell des Sonnensystems, das wir heute verwenden: mit der Sonne im Zentrum und der Erde in einer Umlaufbahn um die Sonne. Sein Modell war schöner, er arbeitete mit einer einfacheren, eleganteren Mathematik als die durchweg komplizierteren Modelle, bei denen die Erde im Zentrum von der Sonne umkreist wird. Doch sein Modell funktionierte schlechter als diese. Kopernikus kam der Wahrheit sehr nahe, die Erde dreht sich tatsächlich um die Sonne, nicht aber in Kreisform, wie er annahm, sondern in Form einer Ellipse. Seine Prognosen waren wohl weniger gut als die der komplexen Theorien mit der Erde als Zentrum. Letztlich erwies sich die einfachere Theorie – die Theorie, die Mathematiker schöner finden – allerdings als die bessere.

Noch bemerkenswerter ist die Entdeckung, die Paul Dirac Anfang des 20. Jahrhunderts machte. Dirac beschäftigte sich mit der Quantenmechanik. Er hatte sich zum Ziel gesetzt, verschiedene Phänomene der Physik auf dieselbe Weise zu erklären, so wie Newton es für die Schwerkraft gelungen war. Wie üblich tat er das anhand eines mathematischen Modells: eines Modells, das in den Augen von Wissenschaftlern schön aussieht und außerdem die richtigen Ergebnisse für die Phänomene lieferte, die damals bekannt waren.

Dirac hatte jedoch ein Problem. Es war ihm gelungen, ein mathematisches Modell zu finden, das passte, aber es führte darüber hinaus zu seltsamen und überraschenden Vorhersagen. Dirac interessierte sich unter anderem für das Elektron, das kleine Teilchen, das um das Zentrum eines Atoms kreist. Über dieses Teilchen wussten Physiker damals schon ziemlich viel, und es wurde von Diracs Formel gut beschrieben. Aber laut dieser Formel musste es noch ein anderes Teilchen geben, das genau das Gegenteil eines Elektrons darstellte. Ein solches Teilchen hatte bisher noch niemand gesehen, und es gab daher auch keinerlei Grund anzunehmen, dass es existierte. Diracs mathematisches Modell führte zu einer völlig neuen Vorhersage.

Zumindest sehen wir das heute so. Damals, Anfang des 20. Jahrhunderts, brauchte es eine Weile, bis sich Dirac und andere Physiker einen Reim darauf machen konnten. Zunächst nahm Dirac an, dass dieses mysteriöse gegensätzliche Teilchen ein Proton sei. Protonen kannte man schon, und sie waren im Gegensatz zu dem negativ geladenen Elektron elektrisch positiv geladen. Diese Lösung funktionierte nicht. Protonen sind viel schwerer als Elektronen und stellen daher nicht das genau gegenteilige Pendant eines Elektrons dar. Dirac sah keine andere Lösung als von einem zusätzlichen Teilchen auszugehen: einem Positron oder Antielektron.

So etwas kam in den Beispielen in diesem Buch bisher noch nicht vor. Hier hat die Mathematik nicht nur ein Problem vereinfacht oder Wissenschaftlern zu unerwartet guten Prognosen verholfen, sondern die Existenz von etwas völlig Neuem prognostiziert, das bisher noch niemand gesehen hatte. Nach diesem neuen Teilchen begannen die Wissenschaftler nun zu suchen, einzig und allein deshalb, weil Diracs Mathematik so überaus schön aussah.

Mit Erfolg. Carl David Anderson konnte schon bald nach Diracs Vorhersage nachweisen, dass Positronen tatsächlich existieren. Dafür bekam er 1934, kaum mehr als zwei Jahre nach seiner Entdeckung, den Nobelpreis. Das Positron ist nicht nur das Pendant zum Elektron, es ist auch das erste Antimaterieteilchen, das je entdeckt wurde. Und es ist eine Entdeckung, die aus der Mathematik hervorging.

In der Physik kennt man noch mehr derartiger Entdeckungen. Fälle, in denen etwas Kurioses in der Mathematik letztlich mit dem übereinstimmte, was sich in der Natur tatsächlich abspielt. Um 1823 machte sich Augustin Fresnel Gedanken über das Verhalten von Licht. Auch er war ein Physiker, der eine mathematisch elegante Formel fand, um ein Phänomen in unserer Umwelt zu erklären. Die schöne Formel beschreibt in diesem Fall das Reflexionsverhalten von Licht, zum Beispiel wenn es auf einen Spiegel fällt. Wie lässt sich in einem solchen Fall berechnen, in welche Richtung das Licht abgelenkt wird?

Bei einem Spiegel kennen Sie die Antwort sehr wahrscheinlich. Das Licht wird in demselben Winkel vom Spiegel reflektiert, in dem es auf ihn auftrifft. Ein Spiegel spiegelt das Licht exakt wider. Wenn man frontal vor einem Spiegel steht, wird das Licht auch wieder frontal zurückgeworfen, steht man jedoch schräg davor, sieht man nicht sich selbst, sondern etwas, das in genau dem gleichen Winkel auf der anderen Seite des Spiegels steht. Das ist der einfache Fall: Ein Spiegel reflektiert das Licht sehr gut, so dass das Licht sehr vorhersehbar reagiert.

Fresnel war ambitionierter, er wollte auch wissen, was passiert, wenn Licht aus dem Wasser auf Luft trifft. Oder aus der Luft auf durchsichtiges Glas. Das hört sich schwierig an, doch die Formel, die Fresnel aufstellte, ist nur wenig komplizierter als jene für die Spiegelreflexion. Er musste nur ein einziges Zeichen hinzufügen. Auch das war ein bewundernswertes Glanzstück der Mathematik. Doch mit einem Problem: Es kann etwas Seltsames dabei herauskommen.

Fresnels Formel sagte in manchen Fällen vorher, dass das Licht in einem unmöglichen Winkel gekrümmt würde: Die Mathematik verwendet nämlich komplexe Zahlen. Das sind gewissermaßen zusätzliche Zahlen, die sich auf nichts Reales beziehen. Es sind, so dachte man jedenfalls damals, Zahlen, die man benötigt, um Berechnungen zu vereinfachen, die man ansonsten aber nicht als reell betrachtet. Als bei Fresnels Berechnung eine solche Zahl herauskam, geriet er in Panik. Sein schönes Modell behauptete etwas, das überhaupt nicht möglich war!

Dennoch wollte er sein schönes mathematisches Modell nicht aufgeben; also entschied er, dass dieses merkwürdige Ergebnis wohl richtig sei. In genau diesen Fällen, in denen das mathematische Modell zu seltsamen Ergebnissen führt, passiert mit dem Licht tatsächlich etwas Besonderes, das in Einklang mit den Berechnungen steht – die daher doch nicht so seltsam sind. Auch wenn Licht aus dem Wasser auf Luft trifft, wird es perfekt reflektiert, als ob die Wasseroberfläche ein Spiegel sei. Was Fresnels Mathematik gefunden hatte, war etwas, worüber die Physik bis dato noch nicht nachgedacht hatte, *und* es war etwas, das wir dennoch alle kennen. Schauen Sie sich nur die Abbildung auf der nächsten Seite an. In der Wasseroberfläche ist eine Widerspiegelung zu sehen. Das seltsame mathematische Ergebnis, diese komplexe Zahl, die niemand haben wollte, referiert offenbar auf diese Wider-

Die Reflexion einer Schildkröte in der Wasseroberfläche.

spiegelung. Erneut erweist sich die schöne Formel als richtig, und erneut verweist das seltsame mathematische Ergebnis auf etwas, das zuvor übersehen wurde.

So demonstriert die Mathematik ihren Nutzen auf unterschiedliche Weise. Sie vereinfacht Probleme, sorgt aber auch dafür, dass Physiker neue Entdeckungen machen können, und zwar nur deshalb, weil diese bestimmte mathematische Modelle schön finden und daher merkwürdige Vorhersagen in Kauf nehmen.

Selbst wenn es keinerlei Belege dafür gibt, dass die Mathematik richtigliegt, halten die Gelehrten an ihren Formeln fest. Oft mit gutem Grund, wie sich immer wieder zeigt.

Das geht natürlich längst nicht in jedem Fall gut. Mehr als genug Theorien haben sich als falsch erwiesen, ob sie nun schön aussahen oder nicht. Das Überraschende aber ist, wie oft es sich trifft, dass gerade die Mathematik, die Wissenschaftler schön finden, auch die richtige Mathematik ist, um die Welt zu begreifen. Für jeden, der über Mathematik nachdenkt, auf welche Weise auch immer, ist das ein Rätsel, das nach einer Lösung verlangt. Dass Mathematik sehr nützlich ist, in vielerlei Hinsicht und in unterschiedlichsten Bereichen, bedarf keiner Bestätigung mehr. Aber wie ist das nun möglich?

Wenden wir uns noch einmal kurz Platons abstrakter Welt zu. Sie ist uns unendlich fern; Zahlen haben nichts mit uns zu tun, und die Welt, die die Physik zu beschreiben versucht, ist von der Welt der Mathematik vollkommen unabhängig. Die Formeln, die Vorhersagen über die Welt, in der wir leben, machen, gehen nicht aus dieser Welt hervor; die mathematischen Vorhersagen scheinen aus dem Nichts zu kommen. Wieso weiß die Welt der Mathematik etwas über die uns vertraute Welt?

Auch an Sherlock Holmes zu denken hilft uns nicht wirklich, solche Fragen zu beantworten. Erzählungen sind zwar nicht so losgelöst von der Welt wie Platons Zahlen, aber sie sind und bleiben Fiktionen. Newton hatte seine mathematische Theorie ersonnen, bevor klar wurde, wie effektiv sie zum Verständnis der Schwerkraft beitragen konnte. Diracs Formeln existierten bereits, bevor irgendjemand erkannte, dass es Positronen gab. Ähnlich seltsam würden wir es finden, etwas über London in der Zeit von Sherlock Holmes zu erfahren, das tatsächlich mit der Realität übereinstimmte, obwohl Conan Doyle es nur deshalb in seine Bücher aufgenommen hat, weil dieses Produkt seiner Fantasie gut in seine Erzählung passte.

Das macht es so faszinierend, dass die Mathematik trotz alledem funktioniert. Ich könnte unendlich viele Beispiele für den Nutzen der Mathematik anführen. Einige davon werden Sie noch kennenlernen, solche mit einem stärkeren Fokus auf die Mathematik, die unmittelbar auf unseren Alltag Einfluss nimmt. Abgesehen davon gibt es aber diese eine Frage, die uns weiterhin umtreibt: Schon gut, aber wie ist das *möglich*? Im letzten Kapitel werde ich noch einmal auf diese Frage zurückkommen.

Sie ist allerdings nicht die wichtigste Frage, mit der ich mich in diesem Buch auseinandersetze. Sie stellt für mich, seit ich mich philosophisch mit Mathematik befasse, nur eine zusätzliche Faszination dar. Diese Anschlussfrage taucht auf, wenn uns bereits klar geworden ist, dass Mathematik nützlich ist *und* es sinnvoll ist, sich ein wenig damit auszukennen. Denn warum sollte es uns interessieren, dass die Mathematik tatsächlich funktioniert, wenn sie mit uns selbst gar nichts zu tun hat? Sollen wir uns wirklich damit befassen? Kann man nicht auch ein glückliches Leben führen, ohne sich an die Mathematik heranzuwagen?

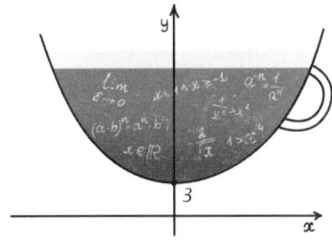

Ein Leben ohne Zahlen

Bei strahlend blauem Himmel fährt ein Mann über den Maici, einen Fluss im Herzen des Amazonasregenwaldes. An seinen Ufern lebt ein kleiner Stamm, der kaum Kontakt mit der Außenwelt hat. Alljährlich sucht der Mann ihn auf, in der Hoffnung, möglichst viele Paranüsse, Kautschuk und andere Naturprodukte mit zurückzunehmen. In seinem Boot liegen daher die üblichen Handelswaren: Whisky, Tabak, und noch mehr Whisky. Wenn die Stammesangehörigen betrunken genug sind, verhökern sie für eine Flasche Whisky sogar eine Nacht mit ihrer Frau oder ihrer Tochter.

So springt wenigstens etwas für ihn heraus, denn es ist alles andere als einfach, mit den Pirahã, wie sich der Stamm nennt, ins Geschäft zu kommen. Obwohl sie schon 200 Jahre Handel treiben, sprechen sie noch immer kaum mehr als ein paar Worte Portugiesisch. Glücklicherweise reicht das aus, um ihm zu geben, was er braucht: wertvolle Nüsse und Kautschuk zu einem fast unschlagbar günstigen Preis. Auch wenn der gewissen Schwankungen unterliegt: Manchmal tauschen sie einen vollen Eimer Nüsse gegen eine Zigarette, das nächste Mal verlangen sie eine ganze Packung Tabak für kaum eine

Handvoll Nüsse. Ansonsten ist das Prozedere einfach. Die Pirahã zeigen auf Handelswaren in seinem Boot, bis der Händler anfängt zu protestieren.

Die Pirahã sehen die Sache ganz anders. Während es für die Brasilianer unvorhersehbar ist, welchen Gegenwert sie für ihren Tabak und Whisky erhalten, ist das für die Pirahã weniger von Belang. Sie haben nämlich keine Zahlen. Sie behalten keinen festen Preis bei, weil ihnen das schlichtweg nicht möglich ist. Sie sehen auch keinen Grund dafür, haben sie doch ein klares Bild von den Händlern. Jeder weiß, wer hier fair ist oder wer ständig darauf aus ist, ihnen weniger zu geben, als ihre Waren wirklich wert sind. Das berichtet Daniel Everett, ein Wissenschaftler, der schon Jahre bei den Pirahã lebt. Er ist einer der wenigen Menschen, die sowohl Pirahã als auch eine andere Sprache sprechen.

Everett entdeckte, dass die Pirahã überhaupt keine Wörter für Zahlen haben. Sie sprechen manchmal von großen Mengen, aber sie haben nicht einmal ein Wort für «eins», ebenso wenig wie für «rot», und sie kennen auch keine grammatische Form für die vollendete Vergangenheit! Die Pirahã gehören damit zu den wenigen Völkern, die überhaupt keine Mathematik verwenden. Ihre Sprache, das Pirahã, hat zudem (ebenso wie eine Handvoll anderer Sprachen) keine Wörter für Linien, Winkel und andere geometrische Phänomene. Null Mathematik also. Dieses außergewöhnliche Volk eröffnet uns einen einzigartigen Einblick in unsere Vergangenheit, schließlich gibt es Mathematik erst seit 5000 Jahren.

Die kulturellen Unterschiede zwischen uns und den Pirahã sind entsprechend groß. Sie kümmern sich nicht darum, wie viel die Dinge wert sind, wie spät es ist, ob ihr Geld wohl noch ausreicht, um über den Monat zu kommen. Geld haben sie nicht; sofern sie Handel treiben, ist es Tauschhandel. Das alles klappt nur, weil sie in sehr kleinen Gruppen leben. Jeder kennt jeden, und nur die gegenwärtig Lebenden zählen. Es werden keine Stammbäume erstellt, und die Toten werden vergessen, sobald alle, die sie kannten, ebenfalls verstorben sind. Das Leben der Pirahã konzentriert sich völlig auf die Gegenwart.

Mathematik hat damit nur wenig zu tun. Everett hat auf Drängen der Pirahã eine Zeit lang versucht, ihnen in Portugiesisch Mathematikunterricht zu erteilen. Er ist damit völlig gescheitert. Acht Monate lang erhielten sie täglich Unterricht über Zahlen und geometrische Figuren. Die Aufgaben bestanden unter anderem darin, eine gerade oder ungerade Linie zu zeichnen oder die ersten fünf Zahlen in der richtigen Reihenfolge zu nennen. Doch in diesen Monaten gelang es ihnen nicht, auch nur das Geringste an Mathematik zu erlernen.

Sind sie dazu gar nicht in der Lage? Doch, wahrscheinlich schon, aber die Pirahã sind an Wissen von außen augenscheinlich einfach nicht interessiert. Sie glauben nicht an die Existenz richtiger Antworten auf Fragen. Auf Everetts Hinweis hin, dass es auf eine mathematische Frage falsche Antworten gibt, bringen sie irgendwelche Zeichen zu Papier und reihen beliebige Zahlen aneinander. Manchmal ignorieren sie die Mathematik völlig und erzählen sich Geschichten darüber, was an dem Tag so alles passiert ist. Selbst zweimal nacheinander eine gerade Linie zu zeichnen, das ist zu viel verlangt.

Das gleicht einer Mathestunde in unseren Breiten. Wobei die Pirahã zumindest freiwillig am Unterricht teilnahmen. Eigentlich nicht wegen der Mathematik, sondern weil Everett immer Popcorn machte und es eine nette Gelegenheit war, mit allen zu quatschen. Auch das hat eine gewisse Ähnlichkeit mit Phasen in meiner Schulzeit.

Weltweit gibt es nur wenige Kulturen, die keine Mathematik kennen. Auf Papua-Neuguinea gibt es außer den Pirahã noch einige Völker, die ohne die Verwendung von Mathematik existieren können. Die Pirahã sind ein Extremfall, sie haben nicht einmal Wörter für Zahlen.

Auf Normanby, einer kleinen Insel östlich der größeren Inseln von Papua-Neuguinea, leben die Loboda. Sie können anhand von Körperteilen zählen; ihr Wort für «sechs» bedeutet beispielsweise wörtlich übersetzt «eine Hand und ein Finger der anderen Hand». Das ist allerdings kein besonders gebräuchliches Wort, denn auch in Situationen, in denen wir Zahlen verwenden würden, sehen sie dafür keinen Anlass. Man denke etwa daran, dass wir zum Kauf von Dingen Geld verwenden. Bei uns hat alles seinen Preis, der sich in Zahlen ausdrückt.

Die Loboda haben auch Geld. Oder besser gesagt, sie haben Münzen und Scheine, die sie gegen Euros eintauschen können. Aber bei ihnen kann man einem anderen kein Geld schenken, zum Beispiel bei einem der vielen Feste, die sie veranstalten. Bei einem solchen Fest erhält man ein Geschenk, das man später in genau der gleichen Form zurückschenken muss. Angenommen, Ihr Nachbar schenkt Ihnen einen Korb voller Yams, einer Art Kartoffeln. Dann müssen Sie dieses Geschenk auf dem nächsten Fest mit einem ebenso großen Korb Yams erwidern. Geld oder etwas anderes von gleichem Wert ist keine Option. Es müssen genauso viele Yams sein.

Obwohl, genauso viele? Ich denke dabei gleich an dieselbe Anzahl Yams. Das tun die Loboda nicht, denn sie zählen die Yamswurzeln im Korb eigentlich nie; sie schätzen die Menge ab. Sie schauen beispielsweise, ob der Korb ganz oder halb voll ist. Daher macht es nichts aus, wenn man etwas weniger oder mehr schenkt.

Es gibt auch andere Situationen, in denen die Loboda, anders als wir, keine Zahlen verwenden. Sie sprechen natürlich auch über Dinge wie Alter, Länge und Zeiträume. Wenn wir darüber sprechen, wie viele Jahre jemand alt ist, wie viele Zentimeter etwas lang ist und vor wie vielen Minuten sich etwas ereignet hat, verwenden wir oft Zahlen. Eigentlich greifen wir immer auf Zahlen zurück, wenn wir über solche Dinge reden. Die Loboda sprechen stattdessen über Längen, indem sie diese mit etwas Bekanntem vergleichen. Eine Kette kann zum Beispiel ebenso lang sein wie ein Unterarm. Das klingt ganz ähnlich, wie man bei uns früher von einer Elle oder einem Fuß gesprochen hat; doch bei den Loboda sind das keine Maßeinheiten. Wir können sagen, dass etwas zwei Fuß lang ist, doch für die Loboda wäre das unsinnig. Für sie ist etwas so lang wie ihr Unterarm, wenn es jedoch länger ist, ist es so lang wie etwas anderes und nicht etwa so lang wie zwei Unterarmlängen.

Diese Art zu denken findet sich vielerorts wieder. Die Loboda sprechen über das Alter, aber sie benennen es nicht in Jahren. Sie reden vielmehr über Altersgruppen: ein Mensch ist so alt wie ein Baby, ein Kind usw. Auf ähnliche Weise lassen sich auch Zeiträume beschreiben. Etwas dauert beispielsweise so lange wie eine Reise von einem Dorf bis zur nächstgelegenen Insel. Man kann sehr gut ohne Zahlen leben.

Die Yupno, ein anderer Stamm auf Papua-Neuguinea, sehen das ganz genauso. Ihre Dörfer liegen ungefähr auf 2000 Meter Höhe in der Provinz Madang. Ebenso wie die Loboda zählen sie, indem sie auf bestimmte Körperteile verweisen. Das passiert nicht immer auf die gleiche Art, aber im Allgemeinen tun sie das wie in der folgenden Abbildung. Man benennt eine Zahl, indem man das Wort für den entsprechenden Körperteil verwendet oder auf ihn zeigt. Zumindest wenn man ein Mann ist. Wie aus der Abbildung ersichtlich wird, bekommen Frauen mit diesem Zahlensystem ab einem gewissen Punkt Probleme.

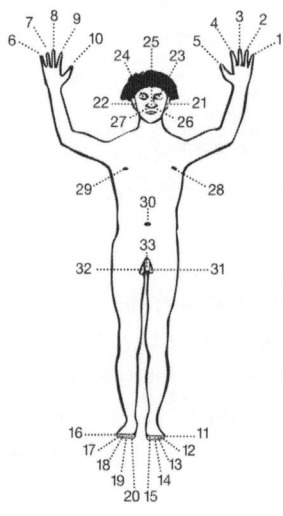

Das Zahlensystem der Yupno.

Die Yupno verwenden zum Zählen manchmal auch Stäbchen, die sie nach und nach nebeneinanderlegen, um auf eine immer höhere Zahl zu kommen. Sie leben auch nicht so isoliert wie etwa die Pirahã; die meisten jüngeren Stammesangehörigen haben westliche Schulbildung genossen und zählen mit Wörtern aus dem Tok Pisin, einer Sprache, die dem Englischen gleicht. Die jüngeren Yupno zählen also eigentlich genauso wie wir.

Die Yupno haben damit drei Möglichkeiten zu zählen, halten es aber nicht für erforderlich, davon regelmäßig Gebrauch zu machen. Sie haben es so geregelt, dass alles, wofür man bezahlen muss, einen festen Wert hat, der sich aber nicht in einer Anzahl Münzen ausdrückt. Stattdessen legen sie ihre Waren in Stapeln aus, die allesamt genau dem Gegenwert einer 10-Toea-Münze entsprechen. Tabakstapel sind also kleiner als Stapel von Lebensmitteln, und es gibt kein Getue mit Kleingeld. Eine einzige Banane können die Yupno allerdings nicht kaufen; der Zweck des Ganzen liegt darin, exakt so viel zu kaufen, wie eine Münze wert ist. Gezählt wird daher kaum.

Mit *einer* wichtigen Ausnahme: der Brautgabe. Diese besteht im Allgemeinen aus Schweinen und Geld. Eine Brautgabe wird auf zwei Arten gezählt: Die Männer zählen laut ab, um wie viele Schweine und Geld es geht, zusätzlich wird die jeweilige Menge mit Stäbchen dargestellt. Das beugt Missverständnissen vor, weil nicht alle auf die gleiche Weise zählen. Wenn die Reihenfolge, in der sie zählen, voneinander abweicht, beispielsweise weil manche von den Händen plötzlich zu den Ohren übergehen und «Ohr links» plötzlich für 12 statt für 22 steht, wie in der Abbildung auf Seite 50, sind Stäbchen ein gutes Hilfsmittel.

Das exakte Zählen der Brautgabe ist für die Yupno also ausgesprochen wichtig; daher dachten einige Wissenschaftler, damit ließe sich gut eine Mathematiklektion verbinden. Mit einer Art Textaufgabe versuchten sie, die Yupno dazu zu bringen, mit Brautgaben zu rechnen. Einem der älteren Stammesangehörigen legten sie folgende Aufgabe vor: «Für eine Braut brauchst du 19 Schweine, 8 Schweine hast du schon, wie viele Schweine fehlen dir noch?» Die Antwort war verblüffend: «Mein Freund, ich bin nicht reich genug, um mir noch eine Frau zu kaufen. Wo sollte ich auch 8 Schweine herbekommen? Außerdem bin ich ein alter Mann und habe kein Feuer mehr.»

Ohne zu messen!

Alles in allem können Menschen ein ausgezeichnetes Leben führen, ohne Zahlen zu verwenden. Allerdings fragt man sich, ob man Zahlen nicht braucht, um etwas auszumessen. Ist es nicht erforderlich, etwas von Formen und Abständen zu verstehen, beispielsweise, um etwas bauen zu können? Oder um den richtigen Weg zu finden? Offenbar nicht, denn das gelingt den Pirahã, den Loboda und den Yupno sowie unzähligen anderen Kulturen für gewöhnlich auch ohne Mathematik.

Viele Kulturen auf Papua-Neuguinea bauen Kanus. Weil Papua-Neuguinea größtenteils aus Inseln besteht, müssen sie das auch; es gab bis vor kurzem eigentlich keine andere Möglichkeit, von einer Insel zur anderen zu gelangen. Es ist daher wichtig, ein solides Boot zu bauen, das auf dem Meer nicht plötzlich in die Brüche geht. Das gelingt den Stämmen vor allem dadurch, dass sie ein neues Boot mit älteren Booten vergleichen. Es liegen keine Blaupausen mit Standardmaßen parat, und es existieren keine festen Vorgaben für die Dicke der Holzbretter, aus denen die Kanus gebaut werden. Alles beruht auf der Erfahrung mit früheren Booten.

Um diese Erfahrungen im Bootsbau zu unterstützen, wird durchaus auch gemessen. Nicht mit einem Bandmaß oder einem genauen Maßstab, sondern mit dem Unterarm des Bootsbauers. Oder wie auf den Kiriwina-Inseln mit Daumen und Handflächen. Auf diesen Inseln nehmen sie es also etwas genauer, und das hat auch seinen Sinn, denn die Kiriwina-Inseln sind recht klein. Grund genug also, regelmäßig mit einem Kanu in See zu stechen. Sie messen den Umfang genau, variieren die Form aber eigentlich nicht.

Noch bedeutsamer als der Umfang und die Form eines Kanus ist die Dicke des Holzes. Ist das Holz zu dünn, kann das Boot leicht beschädigt werden, ist es zu dick, kann man es nicht so schwer beladen. Manche Stämme in Papua-Neuguinea nutzen ihre Beine, um die Dicke zu testen; sie gehen einfach nach Gefühl. Andere Bootsbauer haben entdeckt, dass man hören kann, ob ein Kanu die richtige Dicke hat. Bei einem kräftigen Schlag gegen das Holz verrät der Ton, ob das Boot sicher ist oder nicht. Trotzdem wissen die Bootsbauer oftmals erst dann, wenn sie das Kanu zu Wasser lassen, welches Gewicht es tragen kann.

Oft ist es auch nötig, eine Brücke über einen Wasserlauf oder eine Schlucht zu bauen – und diese kann man natürlich auch nicht im Vorfeld auf Sicherheit hin testen. Einer Brücke ist nicht immer anzusehen, ob sie stabil genug ist, um sie zu überqueren. Wie diese Stämme herausgefunden haben, wann eine Brücke hält, ist und bleibt ein Rätsel. Sie machen das schon so lange, dass niemand mehr weiß, wie die ersten Experimente abliefen.

Bei den Kewabi, die im Zentrum der Hauptinsel leben, verläuft der gesamte Bauprozess ohne genaue Messungen. Zunächst wird die zu überbrückende Entfernung geschätzt. Dann suchen sie Baumstämme, die ihnen lang genug erscheinen, um die gegenüberliegende Seite zu erreichen. Gleiches gilt für die Pfähle, sie müssen hoch genug sein, um als Stützen dienen zu können. Denken Sie an die Golden Gate Bridge in San Francisco; auch sie wird von Pfählen gestützt, die mit Stahltrossen verbunden sind; doch das funktioniert nur, wenn die Stützen weit genug über die Brücke hinausragen. Dann brauchen die Kewabi auch noch Taue, die lang und dick genug sind, usw. Das Ganze bereitet den Kewabi kaum Mühe, und das mit nichts anderem als einem guten Schätzungsvermögen und einer Menge Erfahrung.

Auch Häuser werden auf der Grundlage von Schätzungen und Erfahrungen gebaut, selbst wenn dabei die Variationsbreite viel größer ist. Ein Stamm baut beispielsweise rechteckige Häuser, der andere nur runde. Einer der angewendeten Kniffe besteht darin, ein Seil herzustellen, das genau die Länge des zukünftigen Hauses hat. Die Kâte, die rechteckige Häuser bauen, verwenden zwei Seile, eines für die Länge und eines für die Breite, um einen praktischen Maßstab für die Größe des Hauses zu haben. Zum Einsatz kommen sie auch beim Zusammentragen der Baumaterialien, damit sie wissen, wann sie genug haben. Das spart viel Arbeit, denn schließlich will man nicht zehn Bäume zu viel fällen.

Doch bei Weitem nicht alle Stämme sind derart akkurate Baumeister. Ein Stamm in der Provinz Madang baut Häuser ohne Seile oder andere Hilfsmittel. Beim Hausbau folgen sie einem Standardverfahren: Das Fundament besteht aus neun oder zwölf Pfählen, die alle in ungefähr gleicher Entfernung voneinander aufgereiht werden. Auf dieses Fundament bauen sie ein rechteckiges Haus rein nach ihrem Schätzungsvermögen.

Im Dorf Kaveve, in einer höher gelegenen Region, baut man runde Pfahlhäuser. Der Eingang befindet sich im Fußboden des Hauses in Form einer runden Öffnung am Rand der Kreisfläche, so dass in der Mitte des Hauses Platz für eine Feuerstelle bleibt. Auch hier legt man die erforderliche Größe der beiden Kreise mit Hilfe von Seilen fest. Um Zugluft zu vermeiden, ist es wichtig, dass der Eingang möglichst klein ist. Dazu wird der Umfang der dicksten Person im Dorf gemessen. Passt sie gerade noch so hindurch, ist die Öffnung groß genug. Es wird also durchaus gemessen, aber in begrenztem Maße. Niemand rechnet aus, wie viel Holz erforderlich ist oder wie groß die Grundfläche eines Hauses sein soll. Noch immer wird nach Gefühl Baumaterial gesammelt und gebaut. Die Seile geben an, wie groß alles werden soll, spielen aber ansonsten keine Rolle. Auch um Häuser, Brücken und Kanus zu bauen, braucht man also keine Mathematik.

Mit kleinen Mengen hantieren

Es gibt vielerlei Kulturen, die kaum Mathematik anwenden. Obwohl sie dazu in der Lage sind und obwohl sie ein Zahlensystem haben, halten sie Mathematik für unnötig. Sie können die Dinge sehr gut abschätzen; das spart ihnen eine Menge Zeit und funktioniert ebenso gut. Wie ist das möglich? Was versetzt uns eigentlich in die Lage, Handel zu treiben, für ausreichende Nahrung zu sorgen, Brücken zu bauen usw.? Auf diese Frage hat die Wissenschaft in den vergangenen Jahrzehnten eine Antwort gefunden. Bestimmte Teile unseres Gehirns befähigen uns dazu, mit Mengen umzugehen. Dadurch können wir beispielsweise problemlos Längen einschätzen und etwas als Rechteck erkennen, auch wenn wir nie entsprechenden Mathematikunterricht genossen haben.

Die Teile des Gehirns, die das ermöglichen, lassen sich gut in drei unterschiedliche Kategorien gliedern. Ein Teil hat mit Mengen zu tun, die kleiner sind als vier. Er sorgt dafür, dass wir auf den ersten Blick den Unterschied zwischen einem Apfel und zwei Äpfeln erkennen. Ein anderer Teil ist für alle größeren Mengen zuständig. Der letzte Teil versetzt uns in die Lage, Figuren zu erkennen. Deshalb können selbst Menschen, die noch nie mit einer Landkarte zu tun hatten, herausbekommen, wie sie mit ihrer Hilfe den Weg finden. Zunächst ist festzuhalten: Wir können sehr gut mit kleinen Mengen umgehen.

Sogar Babys können das schon. Es gehört nämlich zu unseren angeborenen Fähigkeiten, zwischen eins und zwei unterscheiden zu können. Natürlich kennen wir nicht den Unterschied zwischen diesen Zahlen, aber doch den zwischen einem und zwei Dingen. Babys sind beispielsweise überrascht, wenn man ihnen plötzlich zwei Punkte auf einem Blatt Papier zeigt, nachdem sie längere Zeit auf einen einzigen Punkt gestarrt haben. Ihre Überraschung macht deutlich: Sie bemerken, dass sie nun auf etwas anderes schauen. Wissenschaftler können das messen, indem sie untersuchen, wie lange ein Baby auf ein Blatt Papier blickt. Ist ihm das Bild bekannt, langweilt sich das Baby schnell, ist das Bild neu, geschieht das nicht so schnell; dann schaut es länger hin.

Auf diese Weise können Wissenschaftler eingehend untersuchen, was Babys alles von der Welt, die sie umgibt, erwarten. Das führt zu erstaunlichen Entdeckungen. So gewinnt man den Eindruck, als ob Babys addieren und subtrahieren könnten. Wenn man einem Baby zunächst zwei Puppen zeigt und danach eine wegnimmt, erwartet das Baby, dass nur eine Puppe übrig bleibt. Wenn man ihm stattdessen zwei Puppen zeigt und, nachdem man eine weggenommen hat, immer noch zwei zu sehen sind, reagiert das Baby sehr überrascht. Noch bevor es irgendetwas über Zahlen gelernt hat, begreift es offenbar, dass $2 - 1 = 1$ richtig und $2 - 1 = 2$ falsch ist!

Nun ja, so ganz stimmt das nicht. Mittlerweile wissen wir, was bei den Babys die Überraschung auslöst: dass auf einmal eine Puppe aufgetaucht ist, von der sie nichts wussten. Das Umgekehrte spielt sich ab, wenn man für sie $1 + 1 = 1$ in Szene setzt. Dann sind sie überrascht, weil sie nicht begreifen, warum eine Puppe verschwunden ist. Das rührt daher, dass ein Teil unseres Gehirns darauf spezialisiert ist, die Gegenstände in unserer Umgebung nachzuverfolgen. Es erinnert sich daran, welche Farbe etwas hat, wie groß es ist, wo es sich befindet usw. Wir speichern diese Art von Informationen automatisch, wenn wir unsere Aufmerksamkeit auf etwas richten. Babys tun das auch, und daher fällt es ihnen auf, wenn etwas, mit dem sie sich beschäftigt haben, verschwindet oder wenn etwas an einem Ort auftaucht, von dem sie sicher wussten, dass dort zuvor nichts war.

Unser Gehirn kann nur eine geringe Anzahl von Dingen

detailliert nachverfolgen. Wie viele das sind, ist unterschiedlich. Bei Babys scheint das Maximum bei drei Dingen zu liegen, denn wenn es mehr sind, kommen sie damit nicht mehr
zurecht. Das zeigt ein Experiment, in dem sich Babys zwischen zwei Dingen entscheiden können. Links von ihnen
steht eine Schachtel mit einem Keks darin, der hineingelegt
wurde, während die Babys in diese Richtung schauten. Sie
wissen also, was in der Schachtel liegt. Rechts von ihnen steht
eine Schachtel mit vier Keksen. Auch hier haben die Babys
gesehen, wie die Kekse hineingelegt wurden. Nun die Frage:
Für welche Schachtel entscheiden sie sich? Wohin krabbeln
sie?

Merkwürdigerweise ist die Antwort darauf nicht immer die
rechte Schachtel. Man würde annehmen, dass Babys, die den
Unterschied zwischen einem und drei Keksen wahrnehmen
können, auch den Unterschied zwischen einem und vier Keksen wahrnehmen. Die Wahl müsste ihnen eigentlich jetzt
noch leichter fallen. Das ist aber nicht der Fall. Liegen in der
rechten Schachtel vier Kekse, haben sie keine Vorstellung
mehr davon, welche der beiden Schachteln mehr Kekse enthält. Ihre Entscheidung ist völlig willkürlich! Der praktische
Teil des Gehirns ist überlastet und gibt daher auf. In den ersten zweiundzwanzig Lebensmonaten sind Kinder nicht in der
Lage, den Unterschied zwischen einem und vier Dingen zu
erkennen.

Der Durchbruch, zu dem es nach zweiundzwanzig Monaten
kommt, lässt sich nicht darauf zurückführen, dass das Gehirn
plötzlich vier Dingen gleichzeitig folgen könnte. Erwachsenen
gelingt das vielleicht, aber das ist schon schwieriger. Was zu
diesem Zeitpunkt tatsächlich passiert, ist noch immer unklar.
Es hat offenbar etwas mit Sprache zu tun, weil Kinder, die eine
Sprache sprechen, die zwischen Einzahl und Mehrzahl diffe-
renziert, den Unterschied schneller wahrnehmen. Im Japa-

nischen beispielsweise ist der Unterschied zwischen beidem nicht eindeutig. Daher brauchen Kinder in Japan auch länger, um den Unterschied zu erlernen. Mit Zahlen zu hantieren, lernen sie sogar erst einige Monate später. Diesen Rückstand holen sie übrigens auch wieder auf, denn Kinder, die deutsch sprechen, brauchen länger, um die Zahlen über zehn zu lernen. Im Japanischen ist die Zahl vierundzwanzig aus «zwanzig und vier» aufgebaut, was es den Kindern erleichtert, die Zahlenfolge zu verstehen. Im Dänischen ist die Zahlenfolge hingegen noch etwas schwieriger zu verstehen als im Deutschen: 90 wird hier als «viereinhalb-zwanzig» bezeichnet.

Um Zahlen zu erlernen, ist also Sprache wichtig. Dabei geht es letztendlich vor allem um die Fähigkeit, zwischen *einem* und *mehr als einem* Ding zu unterscheiden. Die Basis dafür ist wahrscheinlich, dass Kinder lernen, was das Wort «eins» bedeutet. Bevor sie das verstehen, wissen sie nicht, wie Zahlen funktionieren. Sie können zwar die Zahlen der Reihe nach aufzählen, doch wenn man sie um *genau ein* Kuscheltier bittet, geben sie einem willkürlich irgendetwas, ganz gleich, wie oft man die Reihe der Zahlen mit ihnen durchgeht und sie «zählen» lässt.

So bauen wir also auf Fähigkeiten auf, über die wir schon von Geburt an verfügen. Wenn wir lernen, was «eins» bedeutet, können wir auch lernen, was «zwei» bedeutet: «eins und noch eins». Letztlich ist das nur dank der Teile des Gehirns möglich, die mit Mengen arbeiten. Sie sind extrem praktisch, vor allem um Zahlen zu lernen. Doch für die Kulturen, die am Anfang dieses Kapitels genannt wurden, ist der Teil des Gehirns, der für größere Mengen zuständig ist, noch wichtiger.

Ich weiß es nicht genau!
Große Mengen und das Gehirn

Sobald es sich um mehr als drei Dinge handelt, übernimmt ein anderer Bereich des Gehirns die Arbeit. Auch das geschieht von Geburt an. Babys können sofort zwischen vier und acht Punkten unterscheiden. Doch im Unterschied zum Umgang mit kleinen Zahlen gelingt das nicht bei allen größeren Zahlen. Babys sehen keinen Unterschied zwischen vier und sechs Punkten. Aber dass sechzehn Punkte mehr sind als acht, erkennen sie durchaus.

Das rührt daher, dass wir nicht in der Lage sind, genau zu erkennen, wie viele Punkte wir vor uns haben, wenn es mehr als drei oder vier sind. Manche Dinge können wir auseinanderhalten, andere nicht. Neugeborene können sehen, dass auf einem Blatt Papier mindestens doppelt so viele Punkte sind wie auf einem anderen. Dass sechs mehr sind als vier, erkennen sie nicht, wohl aber, dass acht mehr sind als vier. Es hängt also von dem Verhältnis zwischen den beiden Zahlen ab. Testen Sie es einmal selbst: Es ist viel schwieriger, mit einem Blick den Unterschied zwischen hundert und hundertfünf zu erkennen als den Unterschied zwischen fünf und zehn.

Mit zunehmendem Alter können Menschen auch zunehmend Unterschiede wahrnehmen. So können Babys einige Monate nach der Geburt auch zwischen vier und sechs Punkten unterscheiden, obwohl die Menge nur anderthalbmal so groß ist. Erwachsenen gelingt es im Allgemeinen sogar zu erkennen, dass dreizehn Punkte mehr sind als zwölf. Sie liegen nicht immer richtig, aber in mehr als der Hälfte der Fälle können sie angeben, welche Menge größer ist. Den Unterschied zwischen zwanzig und einundzwanzig Elementen zu sehen, ohne sie zu zählen? Das schafft fast niemand.

Letztendlich ist Zählen daher günstiger. Im Unterschied zu

dem, was man ohne Zählen erkennen kann, sind Zahlen präzise. Die Loboda wissen nicht genau, wie viele Yams sie ihren Nachbarn geschenkt haben. Sie können nur sehen, wie viele es ungefähr waren. Wenn ihr Geschenk mit viel weniger (oder mit viel mehr) Yamswurzeln erwidert wird, fällt ihnen das direkt auf. Aber eine mehr oder weniger würde niemand bemerken. Wir gehen mit großen Mengen also anders um als mit kleinen.

Dennoch hat es manchmal den Anschein, als könnten Babys schon mit großen Mengen rechnen, bevor sie das Geringste über Zahlen wissen. Laut einem mit Hilfe von Puppen durchgeführten Experiment erkennen sie, dass bei $5 + 5 = 5$ etwas nicht stimmt. $5 + 5 = 10$ finden sie langweilig, aber bei $5 + 5 = 5$ sind sie überrascht. Haben sie also doch schon gelernt, mit größeren Zahlen zu rechnen?

Diese Schlussfolgerung zogen die Wissenschaftler, die dieses Experiment 2004 durchgeführt hatten. Und auch in diesem Fall wissen wir es mittlerweile besser. Babys reagieren bei $5 + 5 = 5$ zwar überrascht. Aber $5 + 5 = 9$ würden sie für genauso normal halten wie $5 + 5 = 10$, denn zwischen 9 und 10 nehmen sie keinen Unterschied wahr. Babys sind also überrascht, wenn sie plötzlich nur noch fünf Puppen sehen, wo sie doch mehr erwartet hatten. Sie haben aber nicht genau zehn erwartet, was der Fall gewesen wäre, wenn sie es ausgerechnet hätten. Was sie erwartet haben, war viel ungenauer: etwas, das aussehen würde wie mehr als fünf, aber nicht viel mehr. Addieren und subtrahieren werden sie leider noch lernen müssen.

Wie erklärt sich das alles? Was tut das Gehirn eigentlich, damit wir diese Unterschiede erkennen können? Darüber gehen die Meinungen noch auseinander. Bevor ich darlege, wie ich darüber denke, möchte ich zunächst auf den Bereich unseres Gehirns eingehen, der sich mit Längen, Zeit und dergleichen befasst.

Auch Längenmaße können wir nicht sehr genau erkennen. Natürlich sehen wir sofort, wenn etwas doppelt so lang ist wie etwas anderes. Den Unterschied zwischen der Länge und der Breite des rechteckigen Tisches, an dem ich gerade sitze, kann ich einfach wahrnehmen, aber ich erkenne die Länge und die Breite nicht auf den Zentimeter genau. Ich könnte einen Tipp abgeben, doch sehr wahrscheinlich würde ich danebenliegen. Mit der Zeit verhält es sich nicht anders: Ich habe eine ungefähre Vorstellung davon, wie lange etwas dauert. Den Unterschied zwischen zehn Sekunden und fünf Minuten erfasse ich, ebenso wie den zwischen einer und zwei Stunden. Doch die Differenz zwischen einer Stunde und einer Stunde plus einer Minute würde mir nicht auffallen.

Kommt Ihnen das bekannt vor? Das ist gut möglich, denn die Art, wie wir mit Längen und der Zeit umgehen, hat große Ähnlichkeit mit der, wie wir mit Mengen umgehen. Auch Babys nehmen von Geburt an schon Unterschiede zwischen Längen wahr. Sie erkennen beispielsweise, dass die Zeit zwischen zwei Tönen in einem Fall länger ist als in einem anderen, zumindest solange sich die Töne stark genug voneinander unterscheiden. Beim Heranwachsen erfassen wir diese Differenzen immer deutlicher, wir werden also besser darin, Längen und Zeitspannen abzuschätzen; gleichwohl wird unsere Wahrnehmung ohne Messung nie präzise sein. Bei jeder Brücke, die die Kewabi bauen, schätzen sie ab, ob die Baumstämme wohl die richtige Länge haben. Wenn es um eine große Distanz geht, hat man sich nämlich schnell um einiges vertan; man sieht den Unterschied erst, wenn man die Baumstämme über den Fluss zu legen versucht.

Das Schätzungsvermögen, auf das die nichtrechnenden Stämme vertrauen, ist etwas, über das wir alle verfügen. Wir werden damit geboren und verbessern es im Laufe der Zeit. Das teilen wir übrigens mit anderen Arten: Nicht nur Affen, sondern auch Ratten und Goldfische können bei Mengen und Längen Unterschiede wahrnehmen. Beinahe jedes Tier verfügt über ein Hirnareal, das dafür zuständig ist. Wie erklärt sich das? Was ist verantwortlich dafür, dass wir mit Mengen hantieren können, ohne uns das geringste mathematische Wissen aneignen zu müssen? Wie kommt es, dass auch all diese Tiere dazu in der Lage sind?

Meine Antwort lautet: Wir sind dazu fähig, weil wir mit Längen und Zeiten umgehen können. Unser Gehirn nutzt diese Informationen, um Aussagen über Mengen zu treffen. Die Tatsache, dass wir Längen und andere visuelle Dinge besonders leicht erfassen, wirkt für das Gehirn wie ein Sprungbrett für das Erkennen abstrakterer Dinge. Auf der Grundlage dessen, was wir an Längen, Flächen und Ähnlichem sehen, entwickelt unser Gehirn die Fähigkeit zu abstrahieren und kann so schließlich auch Mengen erfassen.

Wie ich darauf komme? Unter anderem, weil wir unser Gehirn in vielerlei Weise irreführen können. Daran lässt sich erkennen, dass die Art, wie das Gehirn mit Längen hantiert, mit der verknüpft ist, wie es mit Mengen umgeht. Das ist auch naheliegend, wenn das Gehirn für das Erfassen von Mengen das nutzt, was es an Längen und Größen wahrnehmen kann.

Das überzeugendste Beispiel dafür ist für mich die folgende Abbildung. Schauen Sie sich diese kurz an und versuchen Sie, ohne zu zählen oder lange darüber nachzudenken, zu entscheiden, welcher der grauen Kreise die meisten schwarze Punkte enthält. Sehr wahrscheinlich werden Sie sich für den rechten Kreis entscheiden. Er sieht etwas voller aus, also enthält er wohl mehr Punkte. Doch dieser Eindruck trügt. Zählen Sie nach: Alle Kreise enthalten die gleiche Anzahl von Punkten.

Das sind Fehlleistungen unseres Gehirns, und weil sie deutlich zeigen, wo der Fehler gemacht wird, sagen sie auch

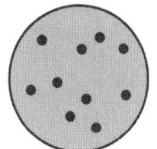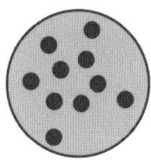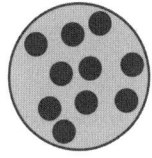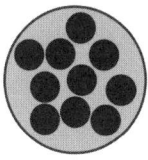

Viermal die gleiche Anzahl von Punkten. Es wirkt nur so, als ob es mehr wären, wenn die Punkte größer sind.

etwas darüber aus, wie das Gehirn arbeitet. Es gibt noch andere Situationen, in denen unser Gehirn nicht optimal funktioniert. Beim Vergleichen von Zahlen spielt es beispielsweise eine Rolle, ob eine Zahl links oder rechts steht. Wenn wir uns entscheiden müssen, ob eine Zahl größer oder kleiner ist als eine andere, ist es günstig, wenn diese Zahl auf der «richtigen» Seite steht. Für die kleinere Zahl ist das die linke Seite, während größere Zahlen nach rechts «gehören». Dieser Auffassung ist zumindest unser Gehirn.

Wir antworten schneller, wenn die Zahlen auf diese Weise präsentiert werden. Ist 9 größer als 5? Wenn 9 auf der rechten Seite abgebildet ist, finden wir die Antwort auf diese Frage schneller. Die zeitliche Differenz unserer Antworten beim Registrieren der 9 auf der rechten oder auf der linken Seite ist zu gering, um von uns selbst bemerkt zu werden, aber ein Zeitmesser erfasst sie durchaus. Dieser Unterschied wendet sich übrigens ins Gegenteil, wenn die 9 die kleinere Zahl ist. Ist 9 größer als 15? Nun fällt es uns auf einmal leichter zu antworten, wenn die 9 links steht.

Doch das ist nicht generell so. Bei Menschen, die Hebräisch sprechen, verhält es sich genau umgekehrt. Ihnen fällt es leichter zu erkennen, dass 9 kleiner als 15 ist, wenn die kleinere Zahl rechts steht. Ganz einfach deshalb, weil Hebräisch nicht von links nach rechts, sondern von rechts nach links gelesen wird. Bei Menschen, die zwei Sprachen fließend sprechen, kann es noch verwirrender sein. Bei jemandem, der neben Hebräisch (von rechts nach links zu lesen) auch Russisch (von links nach rechts zu lesen) spricht, hängt das Ergebnis davon ab, was er zuletzt gelesen hat. War der letzte Text, den er gesehen hat, hebräisch? Dann fällt es ihm leichter, wenn die größere Zahl links steht. War er russisch? Dann sieht das Gehirn größere Zahlen lieber rechts.

Mit anderen Worten, unser Gehirn verknüpft Zahlen mit dem, was wir sehen. Die Stelle, an der sich eine Zahl befindet, wirkt sich darauf aus, wie das Gehirn mit ihr umgeht, und zwar nicht nur, wenn es sich um eine exakte Zahl wie 9 oder 15 handelt, sondern auch dann, wenn es sich nur um Punkte handelt. Und das gilt nicht nur für uns. Küken haben dieselbe Vorliebe wie wir, größere Zahlen, in Form von Punkten, auf der rechten Seite zu sehen. Grund genug, um zu vermuten, dass auch im Kükengehirn der Teil für Längen ein Wörtchen mitzureden hat.

Figuren erkennen, das kann selbst ein Küken

Wir wissen also recht gut, wieso Menschen auch ohne Mathematik Handel treiben, Brücken bauen und seetüchtige Boote bauen können. All diese Aktivitäten haben etwas mit Zahlen zu tun. Doch es gibt noch einen weiteren Bereich der Mathematik, der für unser Zusammenleben von großer Bedeutung ist: die Geometrie. Um Häuser zu bauen, müssen wir beispielsweise einen Sinn für Formen haben. Dafür, wie sich die Grundfläche verändert, wenn wir das Haus länger anlegen, und wie es sich auswirkt, wenn wir den Radius einer Kreisfläche verändern. Glücklicherweise haben wir auch angeborene geometrische Fähigkeiten, so dass wir das alles können.

Es gibt sogar einen speziellen Teil des Gehirns, der sich mit

Figuren befasst, vor allem um es uns zu ermöglichen, unseren Weg zu finden. Nicht nur Menschen verfügen über dieses Hirnareal. Auch viele Tiere, selbst Küken, erkennen einfache Figuren und nutzen sie, beispielsweise um Futterverstecke aufzuspüren. Das ist im Übrigen nicht die einzige Methode, mit der Tiere navigieren. Zugvögel verfolgen den Stand der Sonne und der Sterne, um in die richtige Richtung zu fliegen. Insekten nutzen Geruchsspuren, um zu ihrem Nest zurückzufinden. Formen sind bei Weitem nicht immer notwendig, aber gelegentlich sind sie praktisch. Wenn das Nest beispielsweise im Zentrum eines Kreises liegt oder etwa in der Ecke eines Rechtecks.

Derartige Situationen lassen sich leicht nachstellen. Mit solchen Experimenten testen Forscher, wie gut Tiere und Kinder Figuren erkennen können. Sie verstecken einen Leckerbissen an einer bestimmten Stelle innerhalb einer geometrischen Figur und beobachten dann, an welchen Stellen er gesucht wird. Auf Seite 66 sehen Sie ein Experiment innerhalb eines rechteckigen Raumes. Ein Küken soll von der Mitte eines Rechtecks aus einen Leckerbissen in einer der Ecken wiederfinden. Das ist ziemlich schwierig, denn bevor die Suche losgeht, wird das Tierchen mehrmals schnell um die eigene Achse gedreht. Das Einzige, was es noch weiß, ist, dass sich der Leckerbissen in *einer* der Ecken des Rechtecks befand, wobei die lange Wand von der Mitte aus gesehen links von der Ecke liegt. Zumindest sieht es so aus, als wisse das Küken das noch, denn nachdem es gedreht wurde, sucht es nur an zwei Stellen: links unten und rechts oben. Also an der Ecke, an der der Leckerbissen liegt, und an deren spiegelbildlichem Pendant. Ein perfektes Ergebnis, denn ohne nachzusehen kann man sich nicht zwischen diesen beiden entscheiden.

Manchmal gelingt es den Küken nicht, das Rechteck zu erkennen. In den unteren zwei Abbildungen (C, D) sind vier

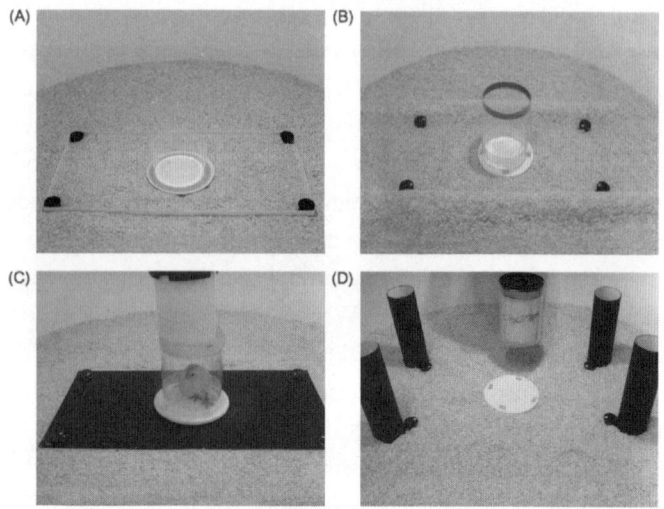

Vier Versionen eines Rechtecks, in denen ein Küken jeweils
einen Leckerbissen wiederfinden muss.

Punkte zu sehen, was bedeutet, dass das Küken in allen vier
Ecken auf die Suche ging. Das Tierchen hat nicht erfasst, dass
da ein Rechteck lag. Küken sind ziemlich versiert darin, Figuren zu erkennen, aber manchmal sind diese zu undeutlich.

Auch andere Tiere können, mit ähnlichen Einschränkungen, Figuren erkennen. Sowohl Ratten, Tauben, Fische als
auch Rhesusaffen haben gezeigt, dass sie mit Formen umgehen können. Und was unsere eigene Spezies angeht, können auch Kleinkinder spontan Figuren erfassen.

Auch ein Kind, das eine Leckerei in einem rechteckigen
Raum wiederfinden soll, sucht an zwei Stellen: an der richtigen Stelle und deren Spiegelbild. Seltsamerweise tun Kleinkinder das auch, wenn sie zusätzliche Hinweise erhalten. Für
sie spielt es keine Rolle, ob die Wand, an der die Leckerei liegt,
eine andere Farbe hat. Diese Art von Information zu nutzen,
lernen Kinder erst, wenn sie älter werden.

Die Frage ist nun: Beweisen diese Experimente eigentlich, dass Kinder und Tiere Formen erkennen können? Wissen sie, was ein Rechteck ist? Oder wissen sie nur, dass etwas in einer Ecke liegt, an die sich links eine lange Wand anschließt? Um das herauszufinden, wurden noch weitere Studien durchgeführt, aus denen hervorgeht, dass es hier wirklich um Formen und nicht nur um Winkel und Längen geht.

Mein Gehirn erzeugt beispielsweise aktiv eine Vorstellung des Zimmers, in dem ich mich befinde. Ich merke mir nicht nur, dass mein Schreibtisch in einer Ecke steht, an die sich linksseitig eine lange Wand anschließt. Ich weiß auch, dass sich rechts hinten im Zimmer eine Tür befindet und in der Ecke links hinter mir noch ein weiterer Schreibtisch steht usw. Nun kenne ich dieses Zimmer sehr genau; schließlich arbeite ich hier fast täglich. Aber auch wenn wir ein fremdes Zimmer betreten, bildet sich unser Gehirn eine geistige Vorstellung des gesamten Raums. Selbst mit verbundenen Augen können wir die allgemeine Form des Raumes beschreiben und auffällige Dinge lokalisieren.

Was man sich nicht merken kann, ist, *wo* man im Raum steht. Stellen Sie sich vor, Ihre Augen sind verbunden. Nun dreht man Sie schnell um Ihre eigene Achse, so dass Sie nicht mehr wissen, in welche Richtung Sie stehen. Natürlich können Sie dann nicht angeben, wo sich einzelne Dinge befinden. Selbst wenn eine Lampe brennt, die Sie als Anhaltspunkt verwenden können, wenn das Tuch dünn genug ist, um etwas Licht durchzulassen, gelingt es Ihnen nicht, bestimmte Dinge zu verorten. Dennoch können Sie in einer solchen Situation immer noch beschreiben, wie der Raum aussieht. Die geistige Vorstellung des Raumes ist vorhanden, doch das Gehirn hat keine Möglichkeit mehr herauszufinden, wo Sie stehen.

Um diese geistige Vorstellung zu erzeugen, muss man Figuren auf einem gewissen Niveau erkennen können: die Anzahl der Ecken, das Verhältnis der Wände zueinander usw. In den genannten Beispielen waren die Testpersonen Erwachsene, aber es gibt genügend Hinweise, die vermuten lassen, dass für Tiere und Kinder das Gleiche gilt. Wie es scheint, gibt es im Gehirn sogar einzelne Neuronen für Quadrate, Kreise usw.

Dank dieser Neuronen können auch Angehörige von Kulturen, die keine Mathematik kennen, über Figuren nachdenken. Die Mundurukú etwa, die an mehreren Orten im Amazonasregenwald leben. Ebenso wie die Pirahã machen sie keinen Gebrauch von Mathematik und vertrauen ganz auf ihre angeborenen Fähigkeiten.

Die Mundurukú haben sich obendrein an Figuren-Experimenten beteiligt. In einem dieser Experimente wird einem Stammesangehörigen ein Blatt Papier vorgelegt, auf dem an sechs Stellen Figuren dargestellt sind. Dabei unterscheidet sich eine der Figuren von den restlichen: fünf gerade Linien und eine ungerade beispielsweise. Die Frage ist nun, ob Menschen ohne mathematisches Training diesen Unterschied erkennen, ebenso wie zuvor die Frage lautete, ob Kinder den Unterschied zwischen einem und vier Keksen erkennen. In einigen Fällen gelingt das, wie etwa bei geraden und ungeraden Linien. In anderen nicht, wie etwa bei dem Unterschied zwischen einem Punkt in der Mitte einer Linie und einem Punkt irgendwo anders auf der Linie.

Auch wenn es ihnen manchmal misslingt, Formen und Distanzen zu erkennen, benötigen die Testpersonen keinen zusätzlichen Unterricht. Denn von beidem verstehen sie auch ohne Instruktionen genug, um eine Karte lesen zu können: jedenfalls eine Karte, die einen kleinen Bereich des Raumes wiedergibt. In der Abbildung auf Seite 69 sehen Sie eine der Karten, die bei dem Experiment mit den Mundurukú verwendet wurde. Eine Testperson sieht auf der Karte drei Figuren, die in einem Rechteck liegen. Eine der drei Figuren hat eine andere Farbe: dorthin soll sie sich bei diesem Test begeben. Nachdem sie diese Karte studiert hat, dreht sie sich um und kann im Raum das Feld sehen, auf dem die drei Figuren in Gestalt von realen Zylindern stehen; einer dieser Zylinder hat, ebenso wie auf der Karte, eine andere Farbe. Dorthin begibt sie sich, was bedeutet, dass sie begriffen hat, dass es auf der Karte um dieses Feld ging. In diesem Fall konnte sie das auch dank des farblichen Unterschieds erkennen, aber das Experiment gelingt auch, wenn das Ziel keine andere Farbe hat.

Auch dieses Kartenlesen hat seine Grenzen. Manche Figuren sind komplizierter als andere, und die richtige Stelle zu finden ist schwieriger, wenn die Zielfigur sich nicht farblich unterscheidet. Außerdem haben unsere gewöhnlichen Straßenkarten noch einen etwas abstrakteren Charakter, sie haben weniger Ähnlichkeit mit der Umgebung als die Karten, die hier verwendet wurden. Dennoch zeigt sich hier erneut, dass wir auch ohne mathematisches Training mit Figuren umgehen können – und darum geht es hier.

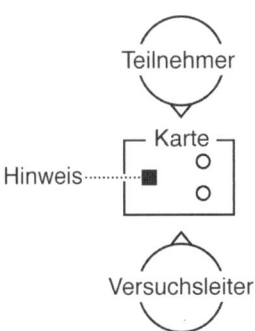

Stammesangehöriger der Mudurukú beim Kartenlesen.

Gewinnen wir etwas durch Mathematik?

Es gibt unterschiedliche Kulturen, die ohne Mathematik auskommen. Menschen können sich selbstverständlich auch ohne Zahlen und Geometrie eine gute Existenz aufbauen. Denn wir können schon von Geburt an mit Mengen, Entfernungen und Formen umgehen. Unser Gehirn ist so angelegt, dass wir keine Mathematik brauchen, um zu erkennen, wie viele Yamswurzeln ungefähr in einem Korb liegen, wie groß der Abstand zwischen zwei Ufern ist oder wie viele Bäume man braucht, um ein Haus zu bauen. Das sind alles Dinge, die wir dank unserer angeborenen Fähigkeiten ohne Mathematik bewerkstelligen können.

Wir dürfen diese angeborenen Fähigkeiten jedoch nicht mit mathematischen Fertigkeiten verwechseln. Denn Mathematik ist etwas, das wir erlernen müssen. Ein Baby weiß nicht, was eine Zahl ist, und kennt auch noch keine Geometrie. Es erkennt zwar Formen, aber natürlich denkt es weder über sie nach, noch analysiert es sie. Gerade dieses Nachdenken über Formen macht aber die Mathematik aus. Dazu muss man durchaus ein Quadrat erkennen können, doch das genügt noch nicht, um Mathematik zu betreiben.

Warum sollte man sich aber überhaupt auf die Mathematik einlassen? Anscheinend brauchen wir ja zum Überleben keine Mathematik. Wir können sogar ein sehr glückliches Leben führen, ohne je etwas über Mathematik zu erfahren. Dennoch haben Menschen es überall auf der Welt für nötig befunden, sich mit Arithmetik und Geometrie zu befassen: von Mesopotamien bis Ägypten, von Griechenland bis China. Sie haben damit etwas sehr Wichtiges hinzugewonnen, auf das sie nicht verzichten konnten. Was das war? Darum geht es im nächsten Kapitel.

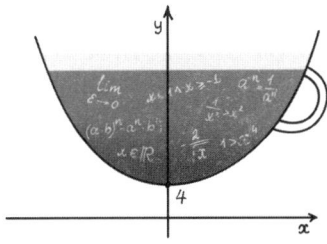

Mathematik vor langer, langer Zeit

Ein Vorarbeiter macht in der Nähe von Umma, einer unter-
gegangenen Stadt im Südosten des heutigen Irak, seinen Jahresabschluss. Wir schreiben das Jahr 2034 v. Chr. und König
Šulgi herrscht über die gesamte Region. Um diesen Vorarbeiter ist es nicht gut bestellt. Alljährlich legt der Staat fest, wie
viele Tage seine Arbeitskolonne ableisten muss, und alljährlich hat er ein Defizit zu verzeichnen. Im Laufe der Jahre hat
sich eine Schuldenlast von 6760 Arbeitstagen angehäuft, und
in diesem Jahr ist sie, unter anderem wegen eines Rechen-
fehlers, der ihm selbst unterlaufen ist, auf 7421 Arbeitstage
angewachsen. Das sind Schulden im wahrsten Sinne des
Wortes, denn Arbeitstage werden in jener Zeit als Güter angesehen, die dem Staat zustehen. Aus König Šulgis Sicht ist es
die Schuld des Vorarbeiters, dass er nicht mehr Getreide und
Ähnliches produziert. Zur Tilgung seiner Schulden werden
daher nach seinem Tod sein Haus, seine Habseligkeiten und
seine Familie vom Staat verkauft.

Für die Vorarbeiter und die Menschen in den Arbeitskolonnen war das damals ein hartes Leben. Die Frauen durften sich nur alle sechs Tage eine Pause gönnen, und einem

kräftigen Mann stand sogar nur alle zehn Tage eine Ruhe-
pause zu. Die Option, in Rente zu gehen, gab es nicht; ältere
Arbeiter schufteten vermutlich, bis sie tot umfielen. Wie
konnte König Šulgi ein solches System aufrechterhalten?
Mittels Buchführung. Der Jahresabschluss des Vorarbeiters
war tatsächlich schon ein Jahresabschluss, wie ihn Unternehmen auch heute erstellen. Šulgi behielt in seinem Staat mit
Hilfe eines Systems doppelter Buchführung, mit Soll- und
Habenseite, eines Systems, das sich auf Quittungen, Rechnungen, Gutschriften und Schuldscheine stützte, den Überblick. Die Buchführung unter Šulgi war so aufwändig, dass sie
nach seiner Regentschaft in dieser Form nicht mehr weiter-
geführt wurde und erst 3500 Jahre später, etwa 1500 n. Chr. in
Europa, wieder in ähnlicher Weise aufkam. Bis ein Staat
erneut eine vergleichbare Planwirtschaft einführte, sollte es
noch länger dauern.

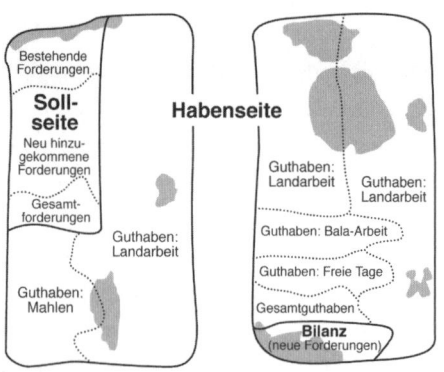

Buchführung im Jahr 2000 v. Chr.

Das ganze System war furchtbar. Die Zahl der geforderten
Arbeitstage war so absurd hoch, dass eigentlich jeder Vorarbeiter verschuldet war. Der einzige Vorteil dieses Systems
bestand darin, dass enorm viele Tontafeln überliefert wurden.

Zahlreiche dieser Quittungen, Rechnungen und Jahresbilanzen sind gut erhalten geblieben; daher wissen wir so viel über diesen Vorarbeiter aus Umma. Seine Jahresbilanz für das Jahr 2034 v. Chr. wurde gefunden und ist – bis auf wenige Beschädigungen (die grauen Flecke) – gut lesbar.

Diese Jahresbilanz macht zudem deutlich, wozu Zahlen gut sind: zur Buchführung. Es ist viel einfacher, zu planen und Arbeitstage zu registrieren, wenn man mit exakten Mengen arbeiten kann. Mathematik macht es leichter, große Gruppen zu lenken. Daher ist die Mathematik auch erst in einer Zeit entstanden, in der große Gruppen in Städten zu leben begannen.

Angenehmer kann man die Steuer nicht machen, aber einfacher

Lange vor König Šulgi lebten Jäger und Sammler in Mesopotamien (etwa im Gebiet des heutigen Irak). Schon um 8000 v. Chr. errichteten sie in der Region die ersten Siedlungen und begannen Getreide, Gemüse und Früchte anzubauen. Das erwies sich als ausgesprochen erfolgreich; dank zweier großer Flüsse und eines raffinierten Bewässerungssystems war es möglich, ganze Städte zu ernähren. Menschen begannen in immer größeren Gruppen zusammenzuwohnen, und auch der Kontakt der Städte untereinander verstärkte sich. In der Hoffnung auf Profit reisten Händler quer durchs Land. Die Existenz einer Zentralregierung wurde immer wichtiger. Menschen, die in einem Stammesverband lebten, war es möglich, die Ordnung zu wahren, weil jeder jeden kannte. Das ging nun nicht mehr. Die Städte waren dazu einfach zu groß geworden. Daher entstanden in dieser Zeit größere Verwaltungseinheiten in Form von Stadtstaaten. Und Stadtstaaten erhoben Steuern.

Steuern zu erheben war jedoch nicht so einfach, denn es gab noch keine Zahlen, mit denen man arbeiten konnte. Im Grunde lief es ganz ähnlich wie mit den Geschenken bei den Loboda. Der Staat forderte nicht immer exakt das Gleiche, sondern schätzte ungefähr, was er an Steuern benötigte. Als Untertan konnte man daher nie sicher sein, was einem selbst übrig blieb, und man konnte auch nicht kontrollieren, ob ein fester Steuersatz beibehalten wurde. Ausgesprochen lästig war es auch, dass es kaum Wörter gab, um den Steuerzahlern zu vermitteln, was sie dem Staat schuldig waren. Über Mengen zu sprechen war gar nicht so einfach, als es noch keine Zahlen gab. Dennoch haben sich die Stadtstaaten dazu schließlich etwas ausgedacht.

Alles begann mit den Lagerhäusern. In den Städten Susa und Uruk, die beide in Mesopotamien lagen, wurden die Lagerhäuser immer größer, weil auch die Städte immer größer wurden. Um darüber Buch zu führen, wie viele Lebensmittel in den Lagern gespeichert waren, verwendeten die Händler Steine – eigentlich nicht wirklich Steine, sondern Tonklümpchen. Sie hatten alle die gleiche Form und trugen unterschiedliche Zeichen. Heute nennt man sie Zähl- oder auch Rechensteine, obwohl niemand mit ihnen rechnete. Dennoch waren diese Rechensteine wichtig, denn jeder Stein stand für eine bestimmte Menge an Nahrungsmitteln: für einen Korb Getreide oder ein Schaf beispielsweise. Dank der Steine war es nicht mehr nötig, alle Körbe einzeln in Augenschein zu nehmen, eine Anzahl Tonklümpchen tat es auch.

Diese Tonklümpchen wurden nach und nach für immer mehr Dinge verwendet. Wenn in Susa verkündet werden sollte, wie viele Körbe Getreide die Hauptstadt brauchte, hatten die Steuereintreiber ein Problem. Sie konnten es nicht einfach sagen, denn es gab noch keine Wörter für Zahlen. Also nutzten sie dazu versiegelte hohle Tonkugeln, die Rechensteine enthielten. Die Menge der Steine gab exakt Auskunft darüber, wie viele Körbe Getreide notwendig waren. Jeder Stein stand für einen Korb, und damit stimmte die Menge, ohne zu zählen, ganz genau. Deshalb wurden in Susa schon um 4000 v. Chr. Rechensteine eingesetzt, um die Abgaben an den Tempel und die Steuererhebungen zu regeln. Danach die Gesamteinnahmen zu berechnen war allerdings nicht möglich, denn ohne Zahlen geht das nun mal nicht.

In Uruk ging die staatliche Verwaltung noch einen Schritt weiter. Ebenso wie in Susa setzte man auch hier Rechensteine ein, und diese Rechensteine gab man ebenfalls in eine Tonkugel, um anderen mitzuteilen, wie viel sie zurückschicken sollten oder wie viel man selbst an Waren gesendet hatte. Das Gefäß und sein Inhalt waren überdies eine gute Möglichkeit, sicherzugehen, dass unterwegs nichts veruntreut wurde. Freilich ist eine hohle Kugel aus Ton mit kleinen Tonkügelchen darin doch ein recht umständliches Verfahren. Wir wissen nicht genau, wann und wie es dazu kam, aber irgendwann kam jemand auf die Idee, man könne von den Rechensteinen genauso gut eine Zeichnung auf der Außenseite des Gefäßes anfertigen. Was man in Ton ritzt, lässt sich nicht so einfach wegwischen, daher war eine Zeichnung auf der Außenseite genauso zuverlässig wie einzelne Klümpchen in einer Kugel. Aus diesen Zeichnungen der Rechensteine wurden nach und nach Zahlen. Die Menschen vergaßen, wofür sie standen, und betrachteten sie immer mehr als Symbole für «einen Korb Getreide», «ein Schaf» oder Ähnliches. Das waren also die ersten geschriebenen Wörter und sie kamen viel früher auf als andere Wörter: Ganze Sätze sollte man erst siebenhundert Jahre später auf Tontafeln finden.

So sind in Mesopotamien die ersten Zahlen entstanden. Rechensteine wurden auf der Außenseite von Tonkugeln abgebildet. An die Stelle dieser Gefäße traten mit der Zeit flache

◎ ← 10 – ○ ← 6 – ◉ ← 10 – □ ← 6 – ○ ← 10 – ▷

Die allerersten Zahlen in Mesopotamien.

Tontafeln. Die Symbole fanden immer allgemeinere Verwendung und für deren Wiederholungen schuf man Abkürzungen. Zehnmal das gleiche Zeichen zu wiederholen ist mühsam, deshalb wurde dafür ein neues Zeichen erdacht. So entstanden die Zahlen: Wenn man dasselbe Zeichen dazu nutzen kann, sowohl Schafe als auch Körbe mit Getreide zu zählen, dann verwendet man es als Zahl. Dies alles entwickelte sich nur, weil Städte wie Susa und Uruk so groß wurden, dass sie nach einer praktikablen Möglichkeit Ausschau hielten, Steuern zu erheben. Die Zahlen haben wir also eigentlich einer Steuerbehörde zu verdanken, die sich ihre Arbeit erleichtern wollte.

Die allerersten Zahlen sahen aus wie kleine Winkel und Kreise. Denn die Griffel, die man gebrauchte, um auf die Tontäfelchen zu zeichnen, hatten zwei Enden: ein runderes Ende und ein eher spitzes Ende. Die Symbole begannen rechts, mit einem kleinen Kegel für die Zahl 1. Der Kegel wurde wiederholt, bis neun von ihnen nebeneinanderstanden. Um eine 10 zu schreiben, wechselte man das Zeichen, die Zahl 10 ist daher ein kleiner Kreis.

Das Zahlensystem in Mesopotamien war anders aufgebaut als das System, das wir heute verwenden. Der kleine Kreis wurde nicht zehnmal gezeichnet, bis die Hundert voll war. Das Zeichen änderte sich schon beim sechsten Mal, also nach der Zahl 59, nach der man für die 60 einen großen Kegel zeichnete. So ging es immer weiter bis zur Zahl 36 000. Wenn die Zahl wesentlich größer war, wurde es schwierig, aber was machte das schon: Wer hatte damals schon 36 000 Körbe Getreide in einem Lagerhaus stehen?

Das Sexagesimalsystem in Keilschrift.

Später, als die Mesopotamier eine differenziertere Schrift hatten – die Keilschrift –, schrieben sie auch die Zahlen anders und konnten mit ihnen auch noch größere Zahlen notieren. Sie sind in der Abbildung oben zu sehen. Hier lässt sich auch leicht nachvollziehen, woher der Name «Keilschrift» kommt: Die meisten Symbole sehen wie Keile aus. Aus ihnen entwickelte sich ein ganzes Schriftsystem, mit dem sogar Brüche notiert werden konnten – und das alles nur, damit die Wirtschaft florierte.

Stadtstaaten wie Uruk und Susa verwendeten Zahlen nicht nur, um Steuerangelegenheiten zu regeln, sondern auch um den Überblick über die Nahrungsmittelversorgung zu behalten. Sie kontrollierten, wie viel Getreide und andere Nahrungsmittel in den Lagerhäusern gespeichert waren, wie viel Getreide noch auf den Feldern stand – und ob das alles ausreichte, um die Bevölkerung zu ernähren. Sie nahmen also Schätzungen der Getreidemenge vor, die noch zu erwarten war, und der Menge, die notwendig war, um alle mit Brot zu versorgen. Wenn sie einen Engpass vorhersahen, ließen sie mehr Getreide anpflanzen. Auch dazu wurde geschätzt, wie viel zusätzlicher Ackerboden bepflanzt werden musste. Ein großer Überschuss an Nahrungsmitteln war fast ebenso ungünstig wie ein Mangel; denn der Vorrat verdarb, wenn er zu lange gelagert wurde.

Die besten Schreiber, man könnte sagen: die Buchhalter Mesopotamiens, waren gemeinsam mit den Tempelpriestern für diese Planung verantwortlich. Schreiber lernten nicht nur zu schreiben, sondern auch zu rechnen und zu messen. Daher konnten sie die Buchführung übernehmen. Darüber hinaus konnten sie auch die Fläche eines Grundstücks berechnen – eigentlich waren sie größtenteils als Wirtschaftsprüfer tätig. Sie setzten für Händler Verträge auf, und gelegentlich erhielten sie auch den Auftrag auszurechnen, wie viele Arbeiter man für bestimmte Bauprojekte benötigte. Mehr und mehr Aktivitäten wurden mit Hilfe der Mathematik geplant; auch die Form von Gebäuden konstruierte man anhand geometrischer Figuren. Schreiber wurden zu Architekten, um letztendlich unter König Šulgi als Vorarbeiter zu enden.

Schularbeiten in Mesopotamien

Für all diese Funktionen mussten die Schreiber natürlich ausgebildet werden. Dank der Ausgrabung einer Schule aus dem Jahr 1740 v. Chr. wissen wir recht genau, wie das vor sich ging und worauf man Wert legte. Es ging nicht nur darum, Berechnungen im Kopf durchführen oder konkrete Aufteilungen vornehmen zu können. Auch auf den Zusammenhang der Mathematik mit alltäglichen Problemen legte man großen Wert. Denn dafür wurden die Schreiber letztlich ausgebildet, und wer es nicht verstand, die Mathematik richtig zu nutzen, wurde zur Zielscheibe von Spott – wie ein satirischer Text, der in dieser Schule gefunden wurde, belegt.

In ihm diskutiert ein junger Schreiber mit einem alten, erfahrenen Kollegen. Der alte Mann klagt, dass das Bildungsniveau doch sehr gesunken sei. Die heutige Jugend sei völlig unfähig; sie könne nicht einmal mehr ein Grundstück zwischen zwei Parteien aufteilen. Das lässt der junge Schreiber nicht auf sich sitzen: Wieso solle er nicht dazu imstande sein, ein Stück Land in zwei Teile aufzuteilen? Der Kollege könne ihn bringen, wohin er wolle, dort würde er ihm schon zeigen, wie gut er das vermöge! Lachend versucht der Ältere, ihm zu erklären, dass er das gar nicht gemeint habe. Es sei ja schön und gut, dass er ein Grundstück mit Hilfe von Seilen aufteilen könne, aber um einen Vertrag zu erstellen, müsse er so etwas ausrechnen können. Das kann dieser Grünschnabel offenbar nicht.

Die Mathematik diente praktischen Zwecken, aber das bedeutete noch längst nicht, dass die Zusammenhänge zwischen dem Rechnen und der Praxis entsprechend explizit gelehrt wurden. Ein großer Teil des Lernstoffes der Schule von Nippur – einer weiteren Stadt im Zentrum von Mesopotamien – bestand aus Kolonnen von Rechenaufgaben. Sie wurden wiederholt, wiederholt und nochmals wiederholt. Was richtig war, lernte man, indem man oft genug wiederholte, was der Lehrer vormachte. Das galt für Mathematik ebenso wie für andere Fächer.

Die Schüler in Nippur lernten natürlich zuerst lesen und schreiben, vornehmlich anhand von Wörterlisten, die sie so oft abschreiben mussten, bis sie sie auswendig konnten. Nachdem sie die Wörter für Orte, Fleischsorten, Gewichte, Längen usw. kannten, begannen sie mit der Mathematik. Auch diese erlernten sie anhand von Tabellen und Listen mit Fakten zur Arithmetik und Geometrie. Um ihrer Bildung den letzten Schliff zu geben, lernten sie auch noch einige Musterverträge auswendig. Sie taten das – Sie ahnen es wohl schon –, indem sie diese sehr oft abschrieben.

Aber nicht alles ließ sich durch Wiederholung erlernen. Manchmal mussten die Schüler auch Textaufgaben lösen, in denen es um praktische Angelegenheiten ging.

«Eine Mauer. Die Dicke beträgt [2 Cubits], die Länge 2 1/2 Nindan, die Höhe 1 1/2 Nindan. [Wie viele Steine?]

Eine Mauer. Die Länge beträgt 2 1/2 Nindan, die Höhe 1 1/2 Nindan, die Steine umfassen 45 Sar$_b$. Wie dick ist diese Mauer?

Die Fläche eines Hauses beträgt 5 Sar$_a$. Wie viele Steine muss ich für eine Höhe von 2 1/2 Nindan herstellen lassen?»*

Dass man solche Dinge wissen will, ist logisch. Aber den Schülern wurden auch eine Menge unsinniger Textaufgaben vorgesetzt wie die folgende:

«Eine Mauer. Die Höhe beträgt 11 Nindan, die Steine umfassen 45 Sar$_b$. Die Länge übertrifft die Breite der Mauer um 2;20 (bzw. unsere 140, da 2 × 60 + 20) Nindan. Wie groß sind die Länge und die Breite meiner Mauer?

[Eine Mauer aus Backsteinen]. Die Höhe der Mauer beträgt 1 Nindan, die Backsteine betragen 9 Sar$_b$. Die Summe der Länge und der Dicke [der Mauer] ist 2;10 (also 130). Wie groß sind die Länge und die Dicke meiner Mauer?

[Eine Mauer aus Backsteinen]. Ich verwende 9 Sar$_b$ an Backsteinen. Die Länge [übertrifft die Dicke der Mauer] um 1;50 (also 110). Die Höhe ist 1 Nindan. [Wie groß ist] die Länge der Mauer und die Dicke meiner Mauer?»

Denken wir einmal über die erste und die dritte Aufgabe nach: Es gibt also eine Mauer, von der man genau weiß, um wie viel sie länger als breit oder dick ist. Woher weiß man das? Nicht durch Messungen, denn dann wüsste man ja schon die richtige Antwort! Aber woher sonst sollte man all diese Informationen haben? Das klingt alles etwas weit hergeholt. Bei der zweiten Aufgabe ist es noch merkwürdiger: Wie kann man die Summe der Länge und der Dicke kennen, ohne die Länge und Dicke im Einzelnen zu kennen? Noch so etwas, das in der Praxis niemals vorkommt.

---

* 1 Cubit = 30 Fingerbreit = 50 cm; 1 Finger = 1,66 cm; 1 Ninda/Nindan = 12 Cubits = 6 m; 1 Sar$_a$ = 1 Nindan × 1 Nindan (Flächenmaß); 1 Sar$_b$ = 720 Steine (Mengenmaß).

Die Intention solcher unsinnigen Textaufgaben war daher auch nicht zu zeigen, wie gut sich die Mathematik in Alltagssituationen anwenden ließ. Diese etwas kniffligeren Aufgaben dienten wahrscheinlich dazu zu testen, wie gut die (angehenden) Schreiber ihre Sache verstanden; sie hatten einzig den Nachteil, dass diese mathematischen Kunststücke nicht mehr besonders nützlich waren. Im Zuge der Verbesserung mathematischer Techniken hat sich die Schule von den praktischen Erwägungen, derentwegen man Mathematik betrieb, zusehends entfernt. Diese Art von Berechnungen haben nichts mehr mit der guten Organisation eines Stadtstaates zu tun.

Dennoch ist es gar nicht so abwegig, solche Mathematik zu betreiben, denn man weiß ja nie, ob nicht *doch* etwas Nützliches dabei herauskommt. Das hat sich zum Beispiel bei einer Aufgabenstellung zu einem an eine Wand gelehnten Stock gezeigt. Stellen Sie sich die Situation wie in der folgenden Abbildung vor: Sie haben einen Stock mit der Länge *d*, der an eine Wand gelehnt ist. Der Stock berührt die Wand vom Boden aus gesehen auf einer Höhe *l*. Darüber bleiben noch *b* Zentimeter Wand übrig. Die Aufgabe lautet nun: Ein Stock von 5 Metern berührt mit seiner oberen Spitze 4 Meter über dem Boden die Mauer. Wie weit steht die untere Spitze des Stocks von der Mauer entfernt? Wie groß ist die Länge *a*?

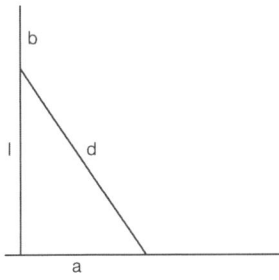

Der Satz des Pythagoras, wie er schon in Mesopotamien gelehrt wurde.

Wenn Sie sich noch daran erinnern, was Sie einmal über Dreiecke gelernt haben, wissen Sie die Antwort bereits. Der Stock und die Wand bilden ein rechtwinkliges Dreieck, und für diese Art Dreiecke gilt der Satz des Pythagoras: $a^2 + b^2 = c^2$, in unserem Fall also $a^2 + l^2 = d^2$. Der Abstand der unteren Stockspitze von der Wand (a) beträgt 3 Meter, denn $3^2 + 4^2 = 5^2$. Bemerkenswerterweise wussten die Mesopotamier das auch schon, und zwar 1500 Jahre vor Pythagoras' Geburt! Bei einem gegen eine Wand gelehnten Stock würde man davon wohl kaum Gebrauch machen. Wenn man ohnehin schon dabei ist, die Höhe zu messen, auf der der Stock die Wand berührt, wäre es leichter, auch die Bodenlänge (a) auszumessen. Aber der Satz des Pythagoras ist trotzdem sehr praktisch, wenn man sichergehen will, dass man es hier mit einem rechten Winkel zu tun hat. Verhält es sich so, dass $a^2 + b^2 = c^2$? Dann hat man hier ein rechtwinkliges Dreieck konstruiert.

Die Mathematik in Mesopotamien war bereits hoch entwickelt. Die Mesopotamier waren schon um 1800 v. Chr. in der Lage, eine ganze Reihe schwieriger Aufgaben zu lösen, viel früher als etwa die Griechen. So konnten sie zum Beispiel die Formel $x^2 + 4x = {}^{41}\!/_{60} + {}^{40}\!/_{3600}$ auflösen. Zumindest solange sie nicht in der Regierungszeit von König Šulgi lebten, denn dieser war der Auffassung, dass die Mathematik zu sehr zum selbständigen Denken anrege. Bloß keine schwierige Mathematik für meine Untertanen, dachte er daher. So blieb mehr Zeit, um die Kinder zu indoktrinieren, auf dass sie dem König treu ergeben waren.

Kommen wir noch einmal auf die Frage aus dem vorigen Kapitel zurück: Warum haben Menschen damit begonnen, sich mit Mathematik zu befassen? In Mesopotamien war das notwendig, um Stadtstaaten zu organisieren. Dank der Mathematik war es einfacher, Steuern zu erheben, Nahrungsvorräte zu verwalten und Häuser zu bauen. Und das war auch notwendig, denn für so viele Menschen ließen sich diese Tätigkeiten ohne Mathematik nur sehr schwer bewerkstelligen. Doch nicht jede Form der Mathematik war nützlich. Textaufgaben ohne jeglichen Nutzen wurden als Statussymbole verwendet: «Seht nur, was ich alles ausrechnen kann!» Selbst König Šulgi beteiligte sich daran. Seine Untertanen durften zwar nicht zu viel wissen, er selbst aber wusste natürlich alles.

Brot, Bier und Zahlen in Ägypten

Zwei Männer denken im alten Ägypten über ihre Berufswahl nach. Einer schlägt vor, sie könnten Bauern werden. Worauf der andere erwidert: «Nein, lieber Schreiber, das ist wirklich ein guter Beruf! Ein Bauer muss den ganzen Tag über hart arbeiten. Er muss das Feld umgraben, ernten, ein Bewässerungssystem unterhalten und vieles andere mehr. Ein Schreiber muss hingegen nur an einem warmen Ort sitzen und dies und jenes aufschreiben.» «Gut», sagt der Erste, «Bauer ist also keine so gute Idee. Aber was hältst du davon, Bauarbeiter zu werden?»

Sie ahnen die Antwort schon. In diesem satirischen Text über den Beruf des Schreibers werden alle möglichen Berufe mit dem des Schreibers verglichen, und jedes Mal wird deutlich, dass der Schreiber im Verhältnis zu den anderen kaum etwas zu tun hat. Was lernen wir daraus? «Es ist der Schreiber, der die Steuern aller anderen berechnet. Mit ihm sollte man sich gut stellen.» Heutzutage ist dieser Unterschied nicht mehr so gravierend, aber natürlich verwendet das Finanzamt noch immer Mathematik.

Die Situation im alten Ägypten war der in Mesopotamien sehr ähnlich. Auch hier waren die Mathematiker bzw. Schreiber für die Erhebung der Steuern von zentraler Bedeutung.

Dennoch gab es markante Unterschiede mit der Folge, dass wir über das alte Ägypten viel weniger wissen. In Mesopotamien ritzte man in Tontafeln, die in fast unversehrtem Zustand ausgegraben wurden. In Ägypten schrieb man hingegen auf Papyrus, der leichter zerfällt. Außerdem lebten die Ägypter an Orten, an denen sich auch heute noch Städte befinden, wie Kairo und Alexandria. Daher sind insgesamt nur sechs altägyptische Texte erhalten geblieben, in denen es tatsächlich um Mathematik geht. Sie stammen allesamt aus dem Mittleren Reich (2055–1650 v. Chr.). Über das Alte Reich (2686–2160 v. Chr.), in dem die großen Pyramiden von Gizeh gebaut wurden, und das Neue Reich (1550–1069 v. Chr.) wissen wir noch weniger.

Und diese vielen Hieroglyphen, wurden sie nicht auf Stein gemalt? Ja, das ist richtig, doch Hieroglyphen wurden nur dann gebraucht, wenn man über Könige und Götter schrieb. Alle administrativen Schriftstücke wurden in einer völlig anderen Schrift, der hieratischen Schrift, verfasst. Und nur diese Schrift verwendeten die Ägypter zur Darstellung von Zahlen.

Diese Zahlen tauchen zum ersten Mal etwa 3200 v. Chr. in Dokumenten auf; ungefähr in der Zeit, in der auch in Mesopotamien die ersten Tontafeln beschrieben wurden. Ebenso wie dort ging es in den ersten Dokumenten der Ägypter um Verwaltungsangelegenheiten. Es handelte sich um Listen mit Titeln von Personen, Ortsnamen und Mengenangaben von Gütern. Es gab sogar Texte über den Pegelstand des Nils, die wahrscheinlich bei der Berechnung der Steuerabgaben als Anhaltspunkte dienten. Kurzum, auch in Ägypten verwendete man Zahlen anfänglich aus administrativen Gründen, um die Steuerabgaben zu berechnen und zweimal pro Jahr eine Liste der vorhandenen Nahrungsmittel zu erstellen.

Dazu verwendeten die Ägypter ein Zahlensystem, das unserem sehr ähnlich war, wie die Abbildung rechts zeigt. Nach der 9 wird ein neues Zeichen eingeführt, ebenso nach der 99 usw. Nur für die 0 gibt es noch kein Zeichen; das kommt erst viel später in Indien hinzu.

Die Zahlen in der hieratischen Schrift des alten Ägyptens.

Darüber hinaus hatten die Ägypter Zeichen für Brüche, die mit einem Punkt über der Zahl gekennzeichnet wurden. Die Zahl 2 mit einem Punkt darüber bedeutete dann $\frac{1}{2}$. Um das Lesen zu erleichtern, setzen wir heute statt eines Punktes einen Strich über die Zahl, also $\bar{2}$ statt $\dot{2}$.

Konnte man damit schon alle Brüche schreiben? Die Ägypter verstanden unter Brüchen das Gegenstück zu ganzen Zahlen: $\frac{1}{2}$ war das Gegenstück zu 2, aber ein Bruch wie $\frac{5}{7}$ war nicht das Gegenstück zu 7 oder einer anderen ganzen Zahl. Dennoch kamen solche Brüche vor, auch wenn es nur um Verwaltungsangelegenheiten ging. Daher bedurfte es einer klugen Lösung, um auch mit diesen schwierigeren Brüchen arbeiten zu können. Sie bestand darin, diese Brüche als eine Addition von Brüchen aufzuschreiben, in denen 1 durch eine ganze Zahl geteilt wird. $^3/_4$ konnte man zum Beispiel auch als $^1/_2 + ^1/_4$ aufschreiben, also als $\bar{2}\,\bar{4}$. Selbst bei $^5/_7$ ist das möglich: $^5/_7 = ^1/_2 + ^1/_7 + ^1/_{14}$, also $\bar{2}\,\bar{7}\,\overline{14}$ Versuchen Sie das selbst einmal mit einer anderen Bruchzahl. Gar nicht so einfach, nicht wahr? Darum lernten die Ägypter auch die wichtigsten Brüche auswendig.

Diese Brüche wurden aktiv in der Verwaltung eingesetzt, in der es oft um Brot und Bier ging: sie spielten in der ägyptischen Wirtschaft eine zentrale Rolle. Richtiges Geld gab es nicht. Erst als Ägypten 390 v. Chr. damit begann, griechische Söldner für seine Armee anzuwerben, tauchten Münzen auf. Die griechischen Soldaten lehnten eine Entlohnung in Form von Brot und Bier rundheraus ab und forderten ihren Sold in griechischen Silbermünzen. Danach begannen auch die Ägypter, Geld zu nutzen, denn es erwies sich als ausgesprochen praktisch.

Vor der Ankunft der Griechen hatten die Ägypter ihr ganzes Land Tausende von Jahren ohne Geld regiert und verwaltet. Die Pyramiden wurden ohne Münzen als Zahlungsmittel gebaut, aber die großen Gruppen von Sklaven sind dennoch ein Mythos. Die Bauarbeiter, die zur Errichtung der Pyramiden eingesetzt wurden, waren schlichtweg bezahlte Arbeiter. Überraschend ist, dass sie tatsächlich nur mit Bier und Brot entlohnt wurden, oft sogar in Mengen, die Brüche erforderlich machten. Man hat ganze Lohnlisten gefunden, aus denen hervorgeht, dass selbst Priester auf diese Weise bezahlt wurden. Sie erhielten beispielsweise täglich 2 $\bar{3}\,\overline{10}$ Fässer Bier oder 2 $^{23}/_{30}$ Fässer Bier. Man ging nicht davon aus, dass sie alles leer tranken, sondern das, was übrig blieb, gegen andere Waren eintauschten.

So hielt man es mit allem. Brauchte man ein Bett? Dann tauschte man andere Waren für das Bett ein, das einem gefiel. Selbst ein Haus konnte man erwerben, indem man mit dem

Verkäufer Dinge aus dem eigenen Besitz tauschte. Waren diese Geschäfte damit genauso wenig kalkulierbar wie der Handel mit den Pirahã? Keineswegs, denn die Ägypter konnten zählen. Die Preise blieben oftmals konstant, und wenn man etwas Großes wie ein Haus oder einen Ochsen kaufte, ging man zu einem Schreiber. Der setzte einen Vertrag auf, in dem der Tausch beschrieben wurde, so dass sich keine Partei später beklagen konnte. Daher befassten sich die Schreiber viel mit Brot und Bier; die Lohnzettel und Verträge waren voll davon.

Auch das Heer musste mit Proviant versorgt werden. Daher gab es jemanden – einen Schreiber –, der diese Nahrungsmittel organisierte. In einem der Texte aus dem Mittelreich macht sich ein Schreiber über das Verhalten eines Kollegen in unterschiedlichen Situationen lustig. Zu dessen Aufgaben gehört es abzuschätzen, wie viel eine Einheit von 5000 Mann für einen langen Feldzug braucht. Er entscheidet, dass 300 Brote und 1800 Ziegen genügen sollten.

Am ersten Tag des Feldzugs findet sich die Einheit bei diesem Schreiber ein. Dieser präsentiert stolz alle Vorräte, und die Soldaten beginnen zu essen. Sie müssen den ganzen Tag marschieren und wollen für den langen Marsch Kraft tanken. Kaum sind sie eine Stunde lang mit Essen beschäftigt, stehen sie vor einem Problem: Alle Verpflegung ist aufgezehrt! Lauthals klagend wenden sie sich an den Schreiber: «Wie ist es möglich, dass unsere Rationen nun schon aufgebraucht sind! Du Dummkopf!» Dem Schreiber fällt nichts ein, was er darauf erwidern könnte, und ihm bleibt nichts anderes übrig, als seinen Dienst zu quittieren.

Schreiber waren also eine Art Manager, die über die einzigartige Fertigkeit verfügten, rechnen zu können. Daher waren sie für die Löhne, Steuern und Rationen zuständig. Außerdem berechneten sie die Flächen von Feldern, um diese mit dem ungenutzten Land zu vergleichen, das nach den Nilüberschwemmungen noch übrig blieb. Denn die Bauern, die dabei Land verloren hatten, erhielten dafür Ersatz. Selbst das Tempo, in dem ein Handwerker Schuhe herstellen konnte, wurde berechnet, um den Ledernachschub möglichst genau darauf abzustimmen.

Noch eindrucksvoller als diese praktischen Berechnungen ist bei den Ägyptern die Anwendung der Mathematik zum Bau der Pyramiden. Zu bedenken ist hierbei, dass man wissen muss, unter welchem Winkel man eine exakte Spitze erhält. Bei Baubeginn zu schätzen, wie man oben genau an der richtigen Stelle landet, ist unmöglich. Aber man kann es berechnen, und das taten die Ägypter.

Für diese Berechnung braucht man einige Angaben. Man muss wissen, wie lang und wie breit die Pyramide ist und wie hoch sie letztendlich wird. Also auch, in welchem Winkel die Pyramide gebaut werden soll. Wenn dieser Winkel nicht stimmt, entsteht keine exakte Spitze. Schon gar nicht, wenn man nicht alle vier Seiten unter demselben Winkel baut. Ein solcher Winkel ist also sehr wichtig. Die Ägypter rechneten allerdings nicht mit Winkeln, wie wir das heute tun. Sie sprachen nicht von 40 Grad oder Ähnlichem.

Sie hatten eine ganz andere Methode: Ein Winkel lässt sich ebenso gut dadurch messen, dass man sich anschaut, wie stark eine Gerade von der Vertikalen abweicht, wenn sie ein Stück in die Höhe wächst. Wie das funktioniert, sieht man in der Abbildung rechts. Stellen Sie sich vor, der Winkel würde 90 Grad betragen, dann wüchse die Pyramide senkrecht in die Höhe. Die Abweichung wäre also gleich null. Bei einem kleineren Winkel, beispielsweise 45 Grad, ist die Abweichung größer. Bei diesem Winkel wächst die Pyramide ebenso weit nach rechts wie nach oben.

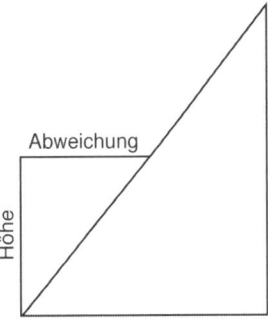

Winkel messen für eine Pyramide.

Alles zusammengenommen, nutzten die Ägypter die Mathematik in einer Vielzahl von Bereichen. Auch wenn wir ihres
unbeständigen Schreibmaterials wegen weniger über sie wissen, ist dennoch genug Papyrus erhalten geblieben, um zu
erkennen, dass sie Mathematik eigentlich auf die gleiche
Weise betrieben wie die Mesopotamier. Mathematiker spielten eine wichtige Rolle und waren vor allem in der Verwaltung tätig, Ägypten hatte ein raffiniertes Steuersystem, das
auch dem Nilhochwasser Rechnung trug, für umfangreiche
An- und Verkäufe nutzte man Standardverträge. Später, um
300 v. Chr., übernahmen die Ägypter einiges von der komplexeren Mathematik Mesopotamiens, doch was sie bis dahin an Mathematik betrieben, hatten sie offenbar selbst entwickelt. Auch sie waren also ein Volk, das sich «unvermittelt»
mit komplexer Mathematik befasste.

Die Griechen als reine Theoretiker

In der Antike verfügte niemand über ein so großes mathematisches Wissen wie die Griechen. Nicht von ungefähr gibt es derart viele berühmte griechische Mathematiker: Pythagoras, Euklid, Archimedes, um nur die bekanntesten zu nennen. Erstaunlicherweise wissen wir dennoch nicht besonders viel über die griechische Mathematik; zwar sind Berichte und Texte aus der griechischen Antike erhalten geblieben, doch diese sind allesamt theoretischer Natur. Euklid etwa hat durch sein Werk zur theoretischen Geometrie Berühmtheit erlangt. Er liefert darin vielerlei Definitionen und Beweise, etwa die Definition «eine Linie ist eine Länge ohne Breite». Das Werk ist – ganz im Einklang mit Platons Denken – abstrakt, gibt also keinerlei Auskunft darüber, wie die Geometrie in der Praxis angewendet wurde. Dasselbe gilt auch für die anderen theoretischen Werke: Sie erlauben uns kaum Einblick in die Art, wie die Griechen Mathematik betrieben haben, warum sie damit begonnen haben und aus welchen Gründen sie all diese abstrakten Erwägungen festgehalten haben.

Das soll übrigens nicht heißen, dass die Griechen ihre Theorien nicht angewandt hätten. Ein eindrucksvolles Beispiel dafür ist der Tunnel des Eupalinos auf der Insel Samos. Dieser Tunnel ist mehr als einen Kilometer lang und nicht einmal zwei Meter breit. Er leitete 1200 Jahre lang fünf Liter Brunnenwasser pro Sekunde zur Hauptstadt der Insel. Den Griechen gelang es schon 550 v. Chr., diesen Tunnel zu graben, am beeindruckendsten ist dabei allerdings, dass sie von beiden Seiten gleichzeitig mit dem Vortrieb begannen. Es glückte ihnen, die beiden Teile des kilometerlangen Tunnels auf halbem Wege miteinander zu verbinden. Selbst bei einer Differenz von nur wenigen Metern hätten die beiden Arbeitskolonnen vollkommen aneinander vorbeigegraben.

Wie sie das zustande gebracht haben, wissen wir nicht genau. Soweit bekannt ist, hielten es die Griechen wohl nicht der Mühe wert zu beschreiben, wie sie einen solchen Tunnel bauten; ganz anders als Römer, die solche mathematischen Anwendungen gerade besonders interessant fanden. Wahrscheinlich verwendeten die Griechen gerade Linien und rechtwinklige Dreiecke, um fortlaufend Messungen vorzunehmen; aufgrund dieser Messungen konnte die Richtung der beiden Tunnelhälften immer wieder ein wenig korrigiert werden. In der Mitte, an der die beiden Hälften zusammengeführt werden mussten, konnten sie in einer Hälfte des Tunnels das Gehämmer aus der anderen Hälfte hören; die letzten Meter gruben sie daher nach Gehör. Mit cleveren Tricks und konstanten Messungen konnten sie so einen ein Kilometer langen Tunnel graben; und dieser ist so solide gebaut, dass man ihn heute noch besichtigen kann. Falls nötig, könnte man ihn wahrscheinlich sogar noch als Aquädukt nutzen.

Wie die Griechen ihr theoretisches Wissen in der Praxis umsetzten, lässt sich nur schwer ermitteln. Hier sind wir zum großen Teil auf Vermutungen angewiesen, ganz anders als bei ihren theoretischen Glanzleistungen. Der Satz des Pythagoras wurde zwar nicht von Pythagoras erdacht – die Mesopotamier kannten ihn schon viel früher –, doch Pythagoras war der Erste, der den Satz auf eine Weise bewies, wie es die Mathematiker heute noch tun. Er lieferte eine saubere logische Begründung, die belegte, dass die jeweilige aktuelle mathematische Aussage auf alle Fälle zutrifft. Dafür sind die Griechen bekannt, Euklid für sein Buch mit Beweisen und Pythagoras für seinen Satz. Archimedes hat ebenfalls mathematische Sätze bewiesen, aber seine Berühmtheit hat noch ganz andere Gründe. Kein Wunder also, dass er die anderen haushoch überragte.

Archimedes ist jener Physiker, der angeblich im Bad das nach ihm benannte Prinzip zum Verhalten von Körpern in

Flüssigkeiten entdeckt haben soll. Laut Überlieferung war er darüber so begeistert, dass er sofort zum König rannte, ohne zuvor seine Kleider wieder anzulegen. Archimedes soll zudem ein derart brillanter Konstrukteur von Kriegsmaschinen gewesen sei, dass die Römer es jahrelang nicht wagten, seinen Heimatort Syrakus anzugreifen. Archimedes war ihnen Drohung genug. Als die Stadt schließlich dennoch eingenommen wurde, war Archimedes gerade in ein mathematisches Problem vertieft. Zu einem römischen Soldaten, der auf ihn zukam, soll er wörtlich gesagt haben: «Störe meine Kreise nicht!», worauf er zum Leidwesen des römischen Befehlshabers niedergestochen wurde. Ob das alles der Wahrheit entspricht, werden wir wohl nie erfahren. Es gibt noch eine ganze Reihe weiterer fantasievoller Anekdoten über die griechischen Mathematiker. Einen seiner Schüler, der nachgewiesen hatte, dass sich $\sqrt{2}$ nicht als ganze Zahl oder Bruch schreiben lässt, soll Pythagoras über Bord geworfen haben – woraufhin dieser ertrank.

Auch wenn wir diese Geschichten ins Reich der Legenden verbannen, wissen wir doch, dass Archimedes ein brillanter Mathematiker war, der vor allem in der Volumen- und Flächenberechnung herausragende Fähigkeiten unter Beweis gestellt hat. Auf seinem Grabstein finden sich daher auch drei geometrische Körper: eine Kugel, ein Zylinder und ein Kegel; um sie geht es in seinem berühmtesten Beweis. Archimedes bewies als Erster, in welchem Zusammenhang das Volumen dieser drei Figuren steht. Für die Griechen, die keine Formeln für Inhaltsberechnungen kannten, stellte dies ein unglaublich schwieriges Problem dar. So war man sich allgemein der großen Schwierigkeiten bewusst, ein Quadrat mit dem gleichen Flächeninhalt wie ein Kreis zu finden. Das spiegelt sich in dem deutschen Ausdruck «Quadratur des Kreises» für ein unmögliches Unterfangen wider.

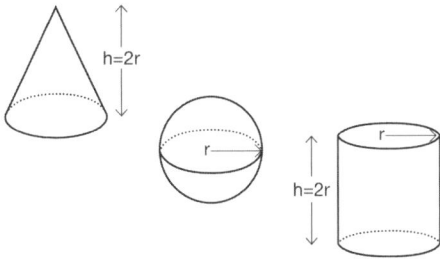

Der Inhalt eines Kegels, einer Kugel und eines Zylinders.

Archimedes hat bewiesen, wie viel größer ein Zylinder als eine Kugel und ein Kegel ist. In den drei abgebildeten Figuren gibt es jeweils eine Strecke r, sie entspricht sowohl dem Radius der Kugel als auch dem Radius des Kegels und des Zylinders. Auch in der Höhe des Kegels und des Zylinders findet sich diese Strecke wieder: Die Höhe der beiden Figuren entspricht nämlich dem Durchmesser der Kugel. Den Kegel erhält man, wenn man die richtigen Teile des Zylinders wegschneidet, und auch die Kugel passt genau in den Zylinder. Das alles sind gute Gründe zu der Annahme, dass ihre Rauminhalte in einem bestimmten Verhältnis zueinander stehen, und diese Annahme ist richtig: Der Rauminhalt der Kugel beträgt zwei Drittel des Zylindervolumens. Um eine Kugel zu erhalten, entfernt man also ein Drittel des Zylindervolumens. Ein Kegel ist noch kleiner, sein Volumen macht nur ein Drittel eines Zylinders aus. Dazu muss man also zwei Drittel vom Zylindervolumen wegnehmen. Daraus folgt auch, dass die Kugel doppelt so groß ist wie der Kegel.

Wie erschließt man das alles allein aus diesen drei Zeichnungen? Dass der Inhalt einer Kugel doppelt so groß ist wie der eines Kegels, ist nichts, was man auf einen Blick sieht. Daher war Archimedes auch stolz darauf, dies beweisen zu können, so stolz sogar, dass er es sich in seinen Grabstein meißeln ließ. Heute ist es übrigens sehr einfach zu beweisen, dass eine Kugel doppelt so groß ist wie ein Kegel. Damit beschäftigen wir uns im nächsten Kapitel. Dieses Wissen verdanken wir der neuen Mathematik in Gestalt der Zahl π.

π (Pi) ist nämlich eine besondere Zahl. Man verwendet sie unter anderem zur Berechnung der Oberfläche und des Inhalts kreisförmiger Figuren. Sie erweist sich als hilfreich, wenn man, wie Archimedes, das Volumen runder Körper zu bestimmen versucht. Doch die Griechen kannten die Zahl π noch nicht. Sie vermuteten zwar, dass es eine Zahl wie π geben müsse, kannten aber nicht ihren exakten Wert. Auch hier war es Archimedes, der die spannendste Entdeckung machte. Mit einer Berechnung, die wir noch immer nicht ganz verstehen, und einer 96-eckigen Figur kam er zu der Aussage, dass π zwischen $3\,^{10}/_{71}$ und $3\,^{1}/_{7}$ liegen müsse, also irgendwo zwischen 3,1408 und 3,1428. Gar nicht schlecht, wenn man bedenkt, dass man später berechnete, dass ihr Wert 3,1415... beträgt.

Viel weiter kamen die Griechen nicht. Ihre Theorien sind sehr raffiniert, vor allem wenn man bedenkt, welchen Einschränkungen sie unterlagen: Sie verwendeten nur ganze Zahlen und Zahlenverhältnisse. Zahlenverhältnisse sind eigentlich Brüche; $^{2}/_{3}$ ist einfach das Verhältnis von zwei zu drei. Sie schrieben allerdings nicht $^{2}/_{3}$, sondern notierten die Brüche viel umständlicher. Außerdem gab es bei den Griechen keine Formeln. Jeder ihrer Beweise, auch die des Archimedes über Rauminhalte, bestand aus geometrischen Figuren. Glücklicherweise können wir derartige Probleme heute viel leichter lösen, doch die Art und Weise, in der wir das tun – die Beweisführung in der Mathematik – haben wir den Griechen zu verdanken. Pythagoras, Euklid, Archimedes und viele andere mehr haben die Mathematik für alle Zeit grundlegend verändert.

Die Nerds aus China

Die bisher thematisierten Kulturen waren sich in vielerlei Hinsicht sehr ähnlich. Sowohl Mesopotamien als auch Ägypten hatten schon sehr früh Zahlen, sogar so früh, dass sie aller Wahrscheinlichkeit nach das Erste waren, was sie überhaupt schrieben. Mathematiker genossen in diesen beiden Kulturen sowie in Griechenland hohes Ansehen, sie arbeiteten größtenteils an praktischen Problemen, wenn auch mit allgemeinen Methoden. In China verhielt sich das vollkommen anders, und dieser Unterschied zu anderen Weltregionen trat schon sehr frühzeitig auf.

In China haben die Menschen wahrscheinlich nicht aus administrativen Gründen mit dem Schreiben begonnen, denn hier hat man keine langen Listen von Waren und Mengenangaben gefunden. Im alten China war allerdings die Wahrsagerei sehr bedeutsam. Die Zeichen auf Knochen, mit denen die Wahrsager arbeiteten, bildeten die Grundlage der ersten Schrift. Irgendwann begannen die Chinesen sich wohl auch mit Mathematik zu befassen, aber man maß ihr keine besondere Bedeutung bei. Daher wissen wir nicht sehr viel über die Mathematik im alten China; wir wissen allerdings, dass die Chinesen 1000 v. Chr., also ziemlich spät, Berechnungen für Kalender und Verwaltungsangelegenheiten durchführten.

Dazu verwendeten die Chinesen zwei Zahlensysteme. Sie hatten einerseits Wörter für die Zahlen, die im normalen Sprachgebrauch vorkamen; diese hatten und haben auch heute noch eine sehr einfache Form. Die Zahl 354 wurde «drei hundert fünf zehn vier» gesprochen und geschrieben, also etwas deutlicher als im Deutschen, wo die vier und die fünfzig in umgekehrter Reihenfolge gesprochen werden. Revolutionärer war die zweite Form. Zunächst arbeiteten die Chinesen dabei mit Bambusstäbchen, später ersetzten sie diese durch

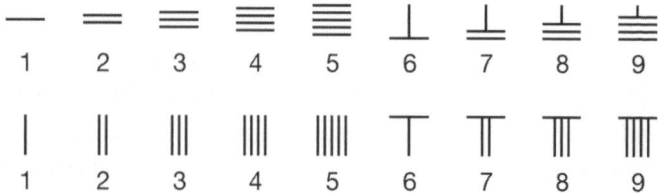

Die beiden Legeordnungen der chinesischen Zahlen von 1 bis 9:
horizontal und vertikal.

Strichzeichen. Für die Zahlen von 1 bis 9 gab es bestimmte Legemuster; für höhere Zahlen reihte man diese Muster dann auf die gleiche Weise aneinander, wie man es in den Zahlwörtern mit den Zahlen von 1 bis 9 tat.

Für das Zahlensystem mit Stäbchen gab es sogar zwei Legeordnungen. Oben sehen Sie eine Reihe, in der die Stäbchen horizontal liegen, darunter eine Reihe mit vertikalen Zeichen. Mit einem Trick konnten die beiden Zeichensysteme dazu genutzt werden, in manchen Zahlen eine «0» anzuzeigen. Die Zahl 506 ist natürlich nicht mit der Zahl 56 identisch. Einen solchen Unterschied konnte man in Mesopotamien und Ägypten nicht verdeutlichen, da man dort kein Verfahren hatte, um eine «0» zu schreiben, geschweige denn zu veranschaulichen, dass eine Zahl keine Zehner enthielt. Mit Hilfe der beiden Legeordnungen gelang dies den Chinesen als den Ersten in der Geschichte. Hier sehen Sie ihre Form, die Zahl 60 390 zu schreiben:

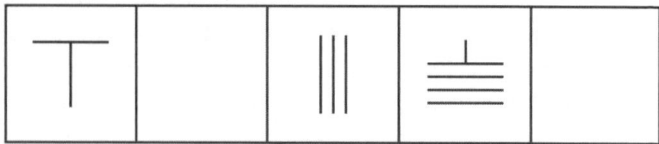

Die Zahl 60 390 in altchinesischer Notation.

Beim Schreiben wechselten die Chinesen ständig die Notationsordnung. Schauen Sie sich einmal die 3 und die 9 an: Die 9 ist horizontal notiert, die 3 hingegen vertikal. Standen zwei vertikal orientierte Zeichen nebeneinander (wie die 6 und die 3), wussten sie sofort, dass eine Lücke dazwischengehörte, selbst wenn sie diese Lücke noch nicht bezeichneten: Über ein eigenes Zeichen für die 0 verfügten die Chinesen nicht. Sie konnten ebenfalls nicht sehen, *wie viele* Nullen zwischen zwei vertikale Zeichen gehörten, nur eine oder drei oder fünf oder ... Mit den Kästchen, die in die obige Zahlenfolge eingefügt sind, wird das nun deutlich. Insgesamt gesehen, ist das chinesische System ein großer Durchbruch, da sich mit nicht mehr als zwanzig Zeichen jede beliebige Zahl notieren lässt.

Neben ihrem durchdachten Zahlensystem verfügten die Chinesen auch über unterschiedliche Rechentechniken. Sie konnten z. B. in ganz ähnlicher Weise, wie wir das auch heute noch tun, schnell multiplizieren. Um 81×81 auszurechnen, legte man die Zahlen mit Stäbchen, dann multiplizierte man schrittweise: erst 80×80, dann 80×1 usw. Darüber hinaus gab es Techniken zur Lösung komplizierterer Aufgabenstellungen; sie wurden in den *Neun Kapiteln arithmetischer Technik* und in späteren Kommentaren zu diesem Buch gesammelt. Die Kapitelüberschriften vermitteln einen guten Eindruck davon, was die Chinesen um das Jahr 0 schon alles beherrschten:

1. Rechteckige Felder (Flächen und Brüche)
2. Hirse und Reis (Tausch von Gütern zu unterschiedlichen Preisen)
3. Proportionale Verteilung (Verteilung von Gütern und Geld nach feststehenden Verhältnissen)
4. Kleinere Breiten (Seiten von Rechtecken, der Kreisumfang, Wurzelziehen und Kubikwurzeln)

5. Überlegungen über gewisse Arbeiten (Volumen und unterschiedliche Formen)
6. Faire Besteuerung (schwierige Aufgaben mit Zahlenverhältnissen, etwa Steuern im Verhältnis zu der Zahl der Besteuerten)
7. Überschuss und Mangel (das Lösen von Aufgaben, die wir heute als «ax + b = 0» notieren)
8. Die rechteckige Anordnung (Probleme mit mehr als *einer* Formel wie der oben genannten, mit positiven *und* negativen Zahlen)
9. Grundfläche und Höhe (Anwendungen dessen, was wir heute als den Satz des Pythagoras kennen)

Für die Chinesen hatte Mathematik nichts mit Abstraktion zu tun. In dem gesamten Buch finden sich daher auch keine allgemeinen Definitionen oder Beweise. Im Zentrum standen konkrete Methoden zur Lösung der genannten Probleme, die anhand vieler Beispiele demonstriert wurden. Ihr Ziel war es, möglichst allgemeine Methoden zu finden, und solange diese Methoden funktionierten und so allgemein wie möglich waren, kümmerte es sie wenig, ob sie sich aus mathematischen Grundsätzen herleiten ließen oder nicht.

Mathematik sollte also vor allem nützlich sein. Wer Mathematik lernte, lernte, Fragen der Besteuerung, der Architektur, der Kriegsführung und dergleichen zu bearbeiten. Doch während das den Mathematikern in Mesopotamien und Ägypten einen hohen sozialen Status verlieh und sie als eine Art Manager, die unmittelbar unter den höchsten Führern rangierten, auszeichnete, stellte sich die Situation in China ganz anders dar. Dort arbeiteten Mathematiker mit Handwerkern zusammen, um deren Probleme zu lösen. In der Gesellschaft wurden sie eher als «Nerds» betrachtet. Selbst in der Blütezeit der chinesischen Mathematik beklagten sich die Mathematiker noch darüber, dass Gelehrte, die Literatur studiert hatten, auf sie herabsahen. Ein chinesischer Kaiser hätte sicherlich niemals mit seinen mathematischen Kenntnissen geprahlt.

Und das ungeachtet der Tatsache, dass Mathematiker in China eine so bedeutende Rolle spielten. Das berühmteste Buch aus dieser Hochzeit der Mathematik (*Shushu Jiuzhang* oder die «Mathematische Abhandlungen in neun Büchern»), das um 1247 n. Chr. geschrieben wurde, widmet Befestigungsanlagen und dem Errechnen der Entfernung zu einem feindlichen Lager gleich zwei Kapitel. Dieser Aufgabenbereich der Mathematik war wegen des Krieges gegen die Mongolei von hoher Dringlichkeit. Die Bücher enthalten noch andere praktische Berechnungen, etwa zu Kreditsystemen und Regeln für den Deichbau. Es finden sich aber auch «nutzlose» Dinge darin, Aufgaben mit einer unnötig komplizierten Lösung. Eine dieser Aufgaben hat eine derart komplizierte Lösung, dass dieses chinesische Werk aus dem Jahr 1247 Überlegungen enthält, auf die man in Europa erst 1890 kam!

Kurz gefasst, auch in China erfüllte die Mathematik eine ausgesprochen praktische, auf Organisation und Verwaltung bezogene Funktion. Diese wurde nur anders ausgefüllt: mit allgemeinen Methoden zur Lösung konkreter Aufgabenstellungen statt mit Abstraktionen und mit konkreten Beispielen statt mit Definitionen und Grundprinzipien. Ihre Methoden sind anders, aber die Gründe, warum sie Mathematik betreiben, sind dieselben. Das ist eine gute Gelegenheit, um noch einmal auf die Frage des vorigen Kapitels zurückzukommen: Warum haben wir Menschen damit begonnen, uns mit Mathematik zu befassen?

Die Antwort darauf ist eigentlich ganz einfach. Mathematik erlaubt es, die Verwaltung von Städten und größeren gesellschaftlichen Verbänden zu organisieren. Steuern zu erheben ist zwar auch ohne Zahlen möglich, aber es ist so kompliziert, dass es in der Praxis ohne Mathematik kaum machbar ist. Überall, wo Menschen beginnen, in größeren Gruppen zusammenzuleben und mehr Handel zu treiben, lässt sich das Aufkommen von Mathematik beobachten. Die Planung von Städten, die Konstruktion von Gebäuden, die Organisation von Lebensmittelvorräten, der Bau von Kriegsmaschinen: das alles sind Tätigkeiten, bei denen wir Mathematik einsetzen. Zu alldem sind wir zwar auch schon aufgrund unserer angeborenen Fähigkeiten in der Lage, doch wir brauchen die Mathematik, um uns darin zu verbessern, um effizienter und genauer zu sein.

Dieses Ziel lässt sich auf mehr als eine Weise erreichen. Verschiedene Völker hatten verschiedene Systeme, Zahlen zu schreiben. Diese waren in manchen Aspekten praktisch, wie etwa die ägyptische Art, $1/2$ zu schreiben, in anderen eher unpraktisch, wie die ägyptische Art, $5/7$ zu schreiben. Doch alle diese unterschiedlichen Herangehensweisen – vom abstrakten Vorgehen der Griechen bis hin zu der auf Beispielen basierenden Methode der Chinesen – führten zum gleichen Ziel. So konnten die Ägypter zur Lohnauszahlung Brote effektiv zerteilen und zugleich sicherstellen, dass die Lohnverhältnisse den Statusunterschieden genau entsprachen. Das Oberhaupt eines Tempels erhielt genau das Dreißigfache des geringsten Arbeiters. Das geht mit Zahlen wesentlich einfacher als ohne.

Diese Idee ist schon im ersten Kapitel zur Sprache gekommen. Auch dort konnten wir sehen, dass mit Mathematik Probleme einfacher zu handhaben sind und es mit ihrer Hilfe plötzlich auch machbar wird, diese Probleme zu lösen. Darin lag unser Antrieb, uns mit Mathematik zu befassen. Städte und Länder hatten mit administrativen Problemen zu kämpfen, die allein mit unseren angeborenen Fähigkeiten kaum lösbar waren. Also haben wir dafür Mathematik eingesetzt.

Nicht ohne Grund sind es die kleinen Kulturen, die ohne Mathematik auskommen; die Menschen, die ihnen angehören, wohnen in Dörfern und kennen einander. Stadtstaaten und Königreiche sind zu komplex, um darin ohne Mathematik den Überblick zu wahren.

Wir sehen allerdings auch, dass die komplexere Mathematik, die diese Kulturen entwickelten, mit all ihren sehr speziellen Aufgabestellungen, keinen wirklichen Nutzen hatte. Sie hatten nur den Zweck zu zeigen, wie gut man die Mathematik beherrschte. Ist diese komplexe Mathematik denn überhaupt zu etwas nutze? Gibt es gute Gründe, über Zahlen und Messungen hinauszugehen? Und bemerken wir in unserem alltäglichen Leben etwas davon? Das sind die Fragen der folgenden Kapitel zur komplexeren Mathematik.

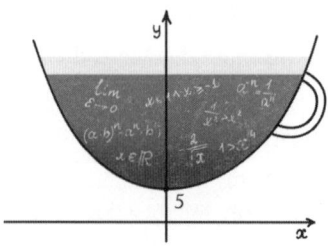

Stetige Veränderung

Ich fahre auf einer schwedischen Autobahn. Allen, die das noch nicht erlebt haben, kann ich nur sagen: es ist furchtbar langweilig. Hunderte von Kilometern auf einer schnurgeraden Straße, mit Bäumen an beiden Seiten. Zum Glück fahren die Schweden allesamt brav mit gleicher Geschwindigkeit, so dass ich den Tempomat einschalten kann. Währenddessen führt der Autocomputer im Auto fleißig mathematische Berechnungen durch. Er berechnet, wie schnell der Wagen fährt, wie groß die Abweichung von der eingestellten Geschwindigkeit ist und ob er weniger oder mehr Gas geben muss. Ein Luxusmodell kann sogar prüfen, ob ich zuverlässig die Spur halte. Der Computer kontrolliert auch den Abstand des Wagens zu den Straßenmarkierungen und meine Fahrtrichtung. Er korrigiert den Kurs, wenn ich zu sehr in die eine oder andere Richtung abdrifte, und berechnet dann auch, wie stark ich gegensteuern muss.

Schön und gut, aber wie schwer ist das denn? Das können wir doch ebenso gut selbst erledigen, ohne alle möglichen Berechnungen anzustellen. Ich schaue einfach auf den Tacho und ändere das Tempo entsprechend, wenn es denn überhaupt eine

Rolle spielt, dass ich exakt mit einer bestimmten Geschwindigkeit fahre. Verkehrsteilnehmer sollen sich schließlich dem Verkehrsfluss flexibel anpassen und nicht stur die 120 Stundenkilometer einhalten. Und die Fahrspur halten, das kann doch nun wirklich jeder, oder? Ja, das stimmt, das kann jeder – sogar ein Computer, der im Unterschied zu uns nicht spüren kann, wie die Lenkung reagiert, und nicht sehen kann, was sich im Verkehr abspielt. Ein Computer *muss* das alles berechnen. Dass er das kann, beruht auf einer großartigen Leistung, denn es ist alles andere als leicht, sich eine Methode auszudenken, mit der sich Veränderungsprozesse wie die Geschwindigkeit eines Autos und der Abstand zur Nebenspur berechnen lassen. Dennoch ist es gelungen, auch dafür eine mathematische Lösung zu finden. Ein Auto nutzt sie, wenn wir den Tempomat einschalten, und autonom fahrende Autos verwenden sie in noch größerem Umfang. Ohne Mathematik stünden uns diese Möglichkeiten nicht zur Verfügung.

Es war Isaac Newton, dem der mathematische Durchbruch gelang. Seiner Entdeckung verdanken wir heute den Tempomat im Auto. So sehen es zumindest die Briten. In Deutschland aber lebte zur gleichen Zeit ein anderer Mathematiker, Gottfried Wilhelm Leibniz, der genau dieselbe Idee hatte. Um zu verdeutlichen, worin beider Gedanke bestand und welche Bedeutung ihm schon damals allgemein beigemessen wurde, müssen wir kurz zu den alten Griechen zurückgehen. Genauer gesagt, zu dem, was Archimedes über Zylinder, Kugel und Kegel herausgefunden hat.

Archimedes ging es um Beweise zu Rauminhalten. Vielleicht wissen Sie noch, wie man das Volumen einer Kugel berechnet: Dazu gibt es eine Standardformel, die einem in der Schule eingebläut wird. Das Volumen einer Kugel beträgt $^4/_3 \pi r^3$, bleiben also noch zwei weitere Formeln für die Berechnung des Rauminhalts von Zylinder und Kegel. Das

Volumen eines Zylinders entspricht der Fläche des Kreises, multipliziert mit der Höhe des Zylinders, hier also $\pi r^2 \times 2r$ bzw. $2\,\pi r^3$. Der Inhalt eines Kegels ist schließlich $^2/_3\,\pi r^3$. Wie man auf diese Formeln kommt, ist an dieser Stelle nicht so wichtig; man muss nicht einmal dieses πr^3 ganz verstehen. Es geht mir hier nur darum zu zeigen, dass man mit diesen Formeln Archimedes' Problem mit einem Schlag lösen kann. Wie viel größer ist die Kugel als der Kegel? Man teilt $^4/_3$ durch $^2/_3$, und schon weiß man es: Die Kugel ist zweimal so groß. Und wie viel bleibt von einem Zylinder übrig, wenn man eine Kugel davon wegnimmt? Teilen Sie 2 durch $^4/_3$ und Sie werden sehen: zwei Drittel bleiben übrig. Der Höhepunkt der griechischen Mathematik ist ein Kinderspiel, sobald man diese drei Formeln kennt.

Was stand den Griechen dabei im Weg? Zunächst einmal kannten sie die heute verwendete Zahl π nicht. Eine noch größere Rolle spielte, dass man, um auf die Formeln kommen zu können, mit Unendlichkeit arbeiten muss: mit etwas, was die Griechen ablehnten. Sie hielten sich an ganze Zahlen und Brüche, die ein eindeutiges Ende und keinerlei Verbindung zur Unendlichkeit aufwiesen. Das ist wichtig, denn nicht alle Zahlen lassen sich als Brüche oder ganze Zahlen schreiben. Die Zahl π zum Beispiel ist eine solche Zahl, die sich nicht als Bruch darstellen lässt. Wir können sie heute mit Ziffern hinter dem Komma schreiben; das Problem dabei ist jedoch, dass es in dieser Zahl unendlich viele Ziffern gibt. Sie beginnt mit 3,1415 und dann geht die Ziffernfolge unbegrenzt weiter.

Die Griechen wussten sehr wohl, dass sie nicht alle Zahlen als ganze Zahlen oder Brüche schreiben konnten. Die Griechen hatten darauf eine ganz andere Antwort als wir heutzutage: Sie beschlossen, dass man nicht alles mit dem gleichen Maß messen könne. Wenn etwas $\sqrt{2}$ Zentimeter ist, darf man es einfach nicht in Zentimetern messen. Man wählt dann etwas anderes, mit dem sich die Länge elegant darstellen lässt. Die Griechen sagten also, dass man bei dem unten abgebildeten Dreieck, dessen lange Seite die Länge √2 hat, nicht alle drei Seiten mit dem gleichen Maß messen kann.

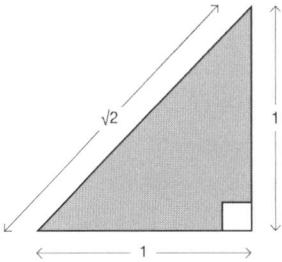

Ein Dreieck, das den Griechen Probleme bereitete.

Kein Wunder, dass die Griechen niemals zu der Aussage gekommen wären, dass der Inhalt einer Kugel $^4/_3$ πr^3 beträgt. Dafür musste π eine Zahl sein, mit der man rechnen kann. Der Erste, der das wirklich tat, war der aus Brügge stammende Simon Stevin. Seine Schriften basierten auf Ideen, die die Europäer aus Indien und dem Mittleren Osten übernommen hatten. Sein wichtigster Schritt zur Lösung bestand darin, Brüche zunehmend ernster zu nehmen, indem er sie auch in Form von Ziffern hinter dem Komma schrieb: also 0,2 anstelle von 1/5. Stevin fasste diese Veränderungen Ende des 16. Jahrhunderts in eine allgemeine Definition: «Eine Zahl ist das, wodurch sich die Menge jeden Dings beschreiben lässt.» *(Nombre est cela, par lequel s'explique la quantité de chacune chose.)* Er war vollkommen davon überzeugt, dass sich alles mit demselben Maß messen lasse und wir daher Zahlen wie π und √2 hinnehmen müssten.

In Hinsicht auf die Unendlichkeit war das ein enormer Schritt: Denn π lässt sich beispielsweise niemals vollständig aufschreiben. Bei Brüchen wie $\frac{1}{3}$ ist das sehr wohl möglich – auch wenn man den Bruch in Form einer Kommazahl mit unendlich vielen Dreien notieren muss: 0,3333… Der wichtigste Unterschied zu π liegt darin, dass diese Ziffern hinter dem Komma vorhersehbar sind. Bei $\frac{1}{3}$ weiß man: Jede folgende Ziffer hinter dem Komma ist wiederum eine 3. Bei π ist die folgende Ziffer nicht vorhersehbar.

Dennoch wundert sich niemand, wenn wir von der Zahl π sprechen. Wir sind so an derartige Zahlen gewöhnt, dass wir erst bemerken, wie ungewöhnlich sie sind, wenn wir etwas länger darüber nachdenken. Die Zahl 0,999… ist beispielsweise ziemlich trügerisch, weil sie mit 1 gleichzusetzen ist. Finden Sie das sonderbar? Sie stimmen sicher zu, dass $\frac{1}{3}$ gleich 0,333… ist. Multiplizieren Sie beide mit 3, dann sehen Sie, dass $\frac{1}{3} \times 3 = 1$ ist und daher tatsächlich das Gleiche wie 0,333… $\times$ 3 = 0,999…

Diese Unendlichkeit bringt uns also schnell in Verwirrung, dennoch benötigen wir sie für den Tempomat in unserem Auto. Ohne Zahlen wie π mit unendlich vielen Ziffern hinter dem Komma könnten wir nicht über Dinge reden, die sich fortlaufend verändern. Denn dann hätten wir nicht genügend Zahlen, um beispielsweise die Beschleunigung unseres Wagens zu berechnen. Ein Auto beschleunigt schließlich nicht mit einem einzigen großen Schritt von 100 km/h auf 101 km/h, sondern fährt zwischendurch auch 100 $\frac{1}{2}$ km/h und 100,1415… km/h (wobei im letzteren Fall nach dem Komma unendlich viele Ziffern stehen). Man kann nicht alle Geschwindigkeiten eines Autos messen, wenn man dafür keine Zahlen hat. Ebenso wenig können wir ohne die Zahl $\sqrt{2}$ alle Seiten eines Dreiecks in Zentimetern messen.

Newton versus Leibniz

Archimedes fehlten gewisse Zahlen, um richtig über Flächen- und Rauminhalte nachdenken zu können. Er konnte nicht alles mit dem gleichen Maß messen, die damalige Mathematik stieß hier an ihre Grenzen. Erst als die Mathematiker anerkannten, dass es mehr gab als ganze Zahlen und Brüche, konnten sie Volumen und Veränderung rechnerisch erfassen. Die ersten Menschen, denen das gelang, waren Isaac Newton und Gottfried Wilhelm Leibniz. Beide kamen zwischen 1660 und 1690 unabhängig voneinander auf die gleiche bahnbrechende Idee, sie konnten jedoch nicht glauben, dass der andere genau den gleichen Einfall gehabt hatte. Sie hatten ein Gebiet der Mathematik erfunden, das auch heute noch berühmt und berüchtigt ist: die Integral- und Differenzialrechnung. Kurz gesagt, sie konnten berechnen, wie *schnell* sich etwas verändert (Differenzialrechnung) und *wie viel* sich nach einer gewissen Zeit verändert hat (Integralrechnung).

Es gab also zwei Mathematiker, die je eine eigene bahnbrechende Theorie präsentierten, mit dem kleinen Schönheitsfehler, dass diese Theorien fast identisch waren. Wem gebührte der Ruhm? Wer war der Erste? Das war die große Frage, umso mehr als Newton in England lebte und Leibniz in Deutschland.

Es begann mit einer Publikation von Leibniz im Jahr 1684, in der er seine Entdeckung, eine neue Methode zur Berechnung von Veränderungen, vorstellte. Die Mathematikerzunft war davon sofort begeistert; Leibniz scharte eine ganze Gruppe von Wissenschaftlern um sich, die alle an «seiner» Mathematik weiterarbeiteten. 1693 publizierte er sogar das erste erläuternde Werk zur Integral- und Differenzialrechnung für eine breitere Öffentlichkeit. Newton hingegen veröffentlichte fast nichts. Manche in seinem Umfeld wussten zwar, dass er eine neue mathematische Methode entdeckt hatte, doch wie diese neue Methode genau funktionierte, wusste niemand. Newton hielt seine Entdeckung, so gut es ging, geheim, um als Einziger von diesen Berechnungen Gebrauch machen zu können.

Kein Wunder also, dass es Newton gegen den Strich ging, als Leibniz urplötzlich die gleichen mathematischen Thesen ans Licht der Öffentlichkeit brachte und Newton dabei mit keinem Wort erwähnte. Newton hatte Leibniz sogar schon 1676 einen Brief beschrieben, in dem er seine Entdeckung dargelegt hatte – in Geheimsprache. Was zu dieser Zeit keineswegs unüblich war. So hatte auch Galileo in einem verschlüsselten Brief Keppler davon unterrichtet, dass er in der Nähe des Jupiters zwei Monde gesichtet hatte. Das Entschlüsseln ging allerdings oft schief; Keppler dachte, in dem Brief stünde, dass der Mars zwei Monde habe.

Newton schickte Leibniz seinen chiffrierten Brief jedoch nicht, um ihm darzulegen, wie seine Methode funktionierte, sondern um im Eventualfall später sagen zu können, Leibniz habe «seine» Mathematik gestohlen. Genau das behauptete Newton später tatsächlich – oder ließ es vielmehr seine Schüler verkünden. Als Newton erfuhr, dass Leibniz im Begriff war, seine Mathematik einer breiteren Öffentlichkeit zugänglich zu machen, stachelte er seine eigenen Anhänger dazu an, Leibniz lächerlich zu machen.

Was folgte, war eine der übelsten Schlammschlachten der Wissenschaftsgeschichte. Selbst ihre Zeitgenossen – die wirklich einiges gewohnt waren – waren schockiert. Jahrelang publizierten die Anhänger von Newton und Leibniz Pamphlete, in denen das gegnerische Lager verspottet wurde. Leibniz verfasste schließlich ein Büchlein, in dem er sich selbst verteidigte und mit dem er die Royal Society, die renommierteste wissenschaftliche Institution seiner Zeit, um Unterstützung bat. Diese startete eine unabhängige Untersuchung zu der Frage, wer von den beiden Mathematikern der Erste gewesen sei.

Nun ja, ganz so unabhängig war sie wohl doch nicht. Newton war damals Vorsitzender der Royal Society, und auch wenn er es so darstellte, als nähme die offizielle Kommission eine unabhängige Untersuchung vor, tat diese Kommission tatsächlich überhaupt nichts. Vielmehr schrieb Newton selbst heimlich den Kommissionsbericht, in dem natürlich stand, dass Newton alles erdacht habe und Leibniz ein gemeiner Plagiator sei, der seine Niederlage nicht eingestehen könne. Erst 133 Jahre später wurde öffentlich, wie weit Newton bei der Verteidigung seines Standpunktes gegangen war.

Der Bericht führte natürlich nicht zur Beilegung des Streits. Leibniz verteidigte seine Reputation in einem «anonymen» Kommentar zum Bericht der Royal Society. Bis weit nach Newtons Tod im Jahr 1716 nahmen die gegenseitigen Beleidigungen kein Ende. Aber wer hatte denn nun recht? Heute wissen wir, dass Newton tatsächlich der Erste war, denn er war auf die Idee gekommen, wie man integrieren und differenzieren konnte. Leibniz war damals noch ein junger Mann von zwanzig Jahren, der von Mathematik noch nicht allzu viel verstand. Dennoch hat Leibniz Newtons Ideen nicht gestohlen. Er hatte einfach Pech, dass er erst ein paar Jahre später auf den gleichen Gedanken kam.

Immer kleinere Schritte

Dass dieses neue Gebiet der Mathematik hochbedeutsam sein würde, war sofort offensichtlich, daher war es auch so umkämpft. Doch was hatten sich die beiden da genau ausgedacht? Es ging um eine Berechnungsmethode, mit der man feststellen konnte, wie schnell sich Dinge verändern und wie groß schließlich die Veränderung ist. *Davor* konnte man nur mit etwas rechnen, was gleich blieb; man konnte nur etwas zählen, dessen Anzahl sich nicht kontinuierlich veränderte, und man konnte nur etwas messen, was dieselbe Länge beibehielt. Als Newton und Leibniz die Unendlichkeit und die neuen Zahlen ins Spiel brachten, änderte sich das.

Auf Berechnungen der Geschwindigkeit von Veränderungen trifft man allerorten. Der Tempomat eines Autos muss berechnen, wie viel Gas man geben muss, ein selbstfahrendes Auto muss berechnen, wie stark die Richtung korrigiert werden muss, und Ihre luxuriöse Kaffeemaschine berechnet, wie stark das Heizelement aufgeheizt werden muss, um das Wasser für Ihren Espresso auf die richtige Temperatur zu bringen. Man begegnet diesen Rechenkünsten sogar im Krankenhaus, wenn es darum geht zu berechnen, wie schnell ein Tumor wächst. In all diesen Fällen findet dieselbe Technik Anwendung.

Es geht also immer um Veränderung. Um welche Veränderung, spielt keine Rolle, die Mathematik ist dieselbe. Daher kann man, um sie zu erläutern, auf ein ganz einfaches Beispiel zurückgreifen, auch wenn es ein wenig unrealistisch ist. Angenommen, Sie sind Polizist und Ihre Aufgabe besteht darin, Temposünder zu erwischen. Sie müssen also berechnen, wie schnell diese fahren bzw. wie schnell sie von einem Ort zu einem anderen gelangen. Dafür machen Sie zunächst möglichst wenig Gebrauch von Mathematik und moderner Technik.

Die einfachste Lösung ist eine Art Streckenkontrolle. Dazu braucht man zwei Polizisten: Sie selbst stellen sich an den Anfang der Strecke und notieren, wann ein Wagen Ihren Kontrollpunkt passiert, Ihr Kollege tut einen Kilometer weiter genau das Gleiche. Dann vergleichen Sie die beiden Zeiten, in der Hoffnung herauszufinden, wie schnell der Wagen fuhr, als er Sie passierte. Obwohl es nicht Ihr Ziel ist, die Durchschnittsgeschwindigkeit des Wagens auf der gesamten, einen Kilometer langen Strecke zu ermitteln, müssen Sie, um die Geschwindigkeit am ersten Kontrollpunkt zu ermitteln, zunächst berechnen, wie lange er für diesen Kilometer benötigt. Wenn er an Ihrem Kontrollpunkt 120 km/h fuhr, brauchte er für einen Kilometer eine halbe Minute. Wenn es eine halbe Minute dauerte, bis er an Ihrem Kollegen vorbeirauschte, wissen Sie also, dass er 120 km/h gefahren ist.

Wissen Sie das wirklich? Kann der Fahrer hier nicht tricksen? Ja, natürlich kann er das. Er sieht den Polizisten und steigt auf die Bremse: Obwohl hier nur 120 erlaubt sind, fährt er 140. Wenn er den Rest dieses Kilometers langsamer fährt, kann er es noch so drehen, dass die Berechnungen des Beamten 120 km/h ergeben. Am Anfang fuhr der Fahrer zwar 140 und am Ende 100, doch der Polizist berechnet fein säuberlich eine Geschwindigkeit von 120 km/h.

Um ein solches Fahrverhalten zu verhindern, kann man als Polizist die Distanz, über die man misst, verkleinern, zum Beispiel auf einen halben Kilometer: Dann hat ein Autofahrer, der schneller als die erlaubten 120 fährt, nur fünfzehn Sekunden, um das Tempo zu drosseln. Und so weiter: Man verkleinert die Strecke immer wieder ein wenig, und die Geschwindigkeitsberechnung am Anfangspunkt wird mit jedem Mal genauer. In der Praxis macht die Verkleinerung der Strecke irgendwann keinen Unterschied mehr aus, denn innerhalb einer Millisekunde können Autos ihre Geschwindigkeit nicht mehr maßgeblich verändern. Deshalb erfüllen die elektronischen Anzeigetafeln, die angeben, wie schnell man fährt, ihren Zweck ganz gut. Sie führen exakt diese Berechnung durch, aber auf einer geringen Distanz von etwa einem Meter.

Angenommen, das genügt Ihnen nicht. Sie möchten genau wissen, wie schnell dieser Wagen in dem Moment fährt, in dem er an Ihnen vorbeirauscht. Dann ist selbst die kleine Abweichung, die sich bei einer solchen Anzeigetafel ergibt, schon zu groß. Um das Tempo zunehmend genauer zu ermitteln, muss man die Distanz *noch* kleiner machen. Hier kommt nun die Unendlichkeit ins Spiel: Wenn man die Distanz, über die man misst, unendlich klein macht, ist man auch unendlich genau, das Tempo kann exakt festgestellt werden. Newton und Leibniz waren die Ersten, die auf diese Idee kamen.

Newton und Leibniz dachten allerdings an eine Linie, sie fragten sich, wie schnell sich ein Punkt auf dieser Linie aufwärts- und abwärtsbewegen kann. Je steiler der Verlauf der Linie, desto schneller kann ein Punkt steigen oder fallen.

Schauen Sie sich einmal die gekrümmte Linie in der folgenden Abbildung an. Lassen Sie die beiden anderen Linien dabei zunächst außer Acht. Sie möchten wissen, wie schnell der untere Punkt aufsteigt, wenn er sich nach rechts bewegt, also messen Sie, wie hoch der Punkt unten auf der Linie und wie hoch er etwas weiter rechts auf ihr liegt. Dann vergleichen Sie diesen Höhenunterschied, indem Sie beide Punkte durch eine gerade Linie verbinden; so sehen Sie, wie schnell sich der Punkt nach oben bewegt. Aber das stimmt leider nicht. Der Punkt steigt am unteren Ende der Linie gar nicht so schnell an; wohingegen er sich danach viel steiler nach oben bewegt, als hätte der Wagen in meinem Beispiel zwischendurch Gas gegeben.

Newtons und Leibniz' Lösung sah folgendermaßen aus: Sie verringerten die Distanz zwischen den beiden Punkten, wodurch sich der zweite Punkt auf der Linie immer weiter nach links verschob. Aufgrund des kleineren Abstands wurde die Linie in diesem Fall flacher und der Fehler daher geringer. Ihre Idee war es, den Abstand zwischen den beiden Punkten unendlich zu verkleinern. Schließlich sieht die Linie aus wie die untere Gerade auf der Abbildung, die die gleiche Steigung hat wie die Kurve an diesem Punkt. Doch dafür muss man schon mit etwas rechnen, was unendlich klein ist …

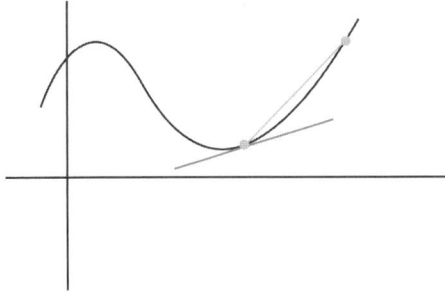

Ein Graph, bei dem man wissen will, wie schnell die gekrümmte Linie am tiefsten Punkt ansteigt.

Auch Newton und Leibniz stellte das vor Probleme. Ja, es sollte sogar Hunderte von Jahren dauern, bis jemand ein Verfahren fand, mit dem man das ordentlich aufschreiben kann. Denn ist unendlich klein nicht einfach dasselbe wie null? Wie soll man denn die Schnelligkeit in einem Zeitraum von null Sekunden messen? Steht das Auto dann nicht einfach still? Das Gleiche gilt für Linien. Natürlich kann man zwischen dem ersten und dem zweiten Punkt eine gerade Linie ziehen, aber wie soll das gehen, wenn zwischen beiden Punkten ein unendlich kleiner Abstand besteht? Dann kann man zwischen ihnen doch auch keine Linie mehr zeichnen?

Es ist überhaupt nicht leicht, sich so etwas vorzustellen. Nicht umsonst dauerte es so lange, bis einigen Mathematikern dämmerte, was sie da eigentlich taten. Unterdessen rechneten sie stillvergnügt weiter, denn es funktionierte. Wieso es aber funktionierte, wusste niemand. Und all das nur, weil der Unterschied zwischen unendlich klein und null alles andere als klar war, ebenso wie der Unterschied zwischen 0,9999… und 1. In letzterem Falle gibt es einfach keinen Unterschied, warum sollte also ein Unterschied zwischen 0,0000… und 0 bestehen?

Schlussendlich kamen einige Mathematiker auf die Idee, dieses ganze «unendlich» über Bord zu werfen. Es ist zu mühsam, und im Grunde sucht man doch nur nach etwas, das möglichst klein ist. Es reicht vollkommen aus, wenn man die Abstände immer weiter verkleinert. Auf diese Weise kann man, sollte sich dennoch eine Abweichung ergeben, *noch* genauer messen. Finden Sie das immer noch zu theoretisch? Kein Problem, diese Details spielen keine besonders große Rolle. Solange Sie die Idee verstanden haben, dass man alles immer kleiner macht und daher immer präziser weiß, wie schnell dieses Auto anfangs fährt, wissen Sie genug.

Warum konnten die alten Griechen das nicht? Aus zwei Gründen. Erstens hatten sie nicht genug Zahlen zur Verfügung. Es kann sich ohne Weiteres ein Tempo von π km/h ergeben; das weigerten sich die Griechen aber zu messen. Unter dieser Voraussetzung lassen sich solche Berechnungen aber nicht durchführen, denn dazu muss man jedes mögliche Tempo berechnen können. Zweitens war den Griechen diese Unendlichkeit suspekt. Eine unendlich kleine Distanz messen? Das ist doch nichts Halbes und nichts Ganzes! Das kann doch niemand. Die Unendlichkeit brachte sie also gleich doppelt in die Bredouille. Und vielleicht setzt sie uns auch heute noch ein bisschen zu. Denn schließlich ist es immer noch schwer zu verstehen, wie Differenziale, die man auf diese Weise berechnet, funktionieren.

Schritte zusammenzählen

Leider sind Integrale auch nicht einfacher zu verstehen. Bei den Differenzialen geht es um die Geschwindigkeit: Wie schnell verändert sich etwas? Bei Integralen geht es um Mengen: Um wie viel hat sich etwas schon verändert? Integrale zählen also die Veränderungen so weit wie möglich zusammen. Wenn Ärzte wissen wollen, wie groß ein wachsender Tumor nach einer gewissen Zeit geworden ist, brauchen sie ein Integral. Immer wenn man die gesamte Veränderung erfassen will, verwendet man Integrale, ob es nun um die gesamte Menge des Stromverbrauchs geht, die alle Faktoren berücksichtigende Wahrscheinlichkeit, dass Donald Trump die Präsidentschaftswahlen gewinnt, das gesamte Durchbiegen eines Stützbalkens oder den Gesamtschaden bei einem Autounfall. Ohne dass es einem bewusst wird, trifft man überall auf Integrale. So auch, wenn Autohersteller Vorkehrungen für das Überleben bei einem Crash treffen.

Wie geht das vor sich? Wieder in kleinen Schritten, allerdings will man nun ganz viele kleine Schritte nachverfolgen und sie allesamt aufaddieren. Angenommen, Sie arbeiten bei Mercedes und sollen für die größtmögliche Sicherheit der Autos Sorge tragen. Dann können Sie das tun, indem Sie alle möglichen Varianten durchprobieren; Sie fahren Autos zu Schrott und schauen sich an, was dabei jeweils passiert. Doch mit ein wenig Mathematik können Sie das auch viel billiger erledigen.

Bei einem Autocrash ist vor allem der Kopf der Insassen gefährdet; je schneller und je länger er hin und her geschleudert wird, desto gefährlicher ist der Aufprall. Die Geschwindigkeit ist also wichtig, und die lässt sich – fürs Erste – mit einem Differenzial berechnen. Für jeden Zeitpunkt des Crashs registriert man: Wie schnell bewegt sich der Kopf jetzt? Erst schleudert er nach vorne. Dort trifft er hoffentlich auf einen Airbag, der den Aufprall des Fahrers abfedert. Anschließend prallt er nach hinten zurück gegen die Kopfstütze und dann wieder nach vorne.

Die Mathematiker bei Mercedes berechnen also zunächst für sehr viele einzelne Zeitpunkte, wie schnell sich so ein Kopf bewegt. Aber nun weiß man noch immer nicht, wie gefährlich der Crash ist, denn man kennt nur die Geschwindigkeit des Kopfes. Hier kommt nun das Integral ins Spiel. Eine hohe Geschwindigkeit ist natürlich gefährlich, doch sehr lange hin und her zu schleudern ist noch gefährlicher. Das kann man sich leicht vorstellen: Sich einmal schnell um die eigene Achse zu drehen, ist nicht so schlimm, doch bei zwanzig schnellen Umdrehungen hintereinander kann einem ganz schön schwindlig werden.

Das ist ein guter Grund, die Geschwindigkeiten aufzusummieren, mit denen sich der Kopf während des Crashs bewegt. Ein fauler Mathematiker verwendet dazu nur *eine* Geschwindigkeit. Er wählt zum Beispiel die höchste Geschwindigkeit und multipliziert sie mit der Dauer des Aufpralls. So kann er zwar eine Prognose erstellen, doch die stimmt nicht: Die Autos scheinen darin viel unsicherer zu sein, als sie in Wirklichkeit sind. Es ergibt sich also dasselbe Problem wie bei den Streckenmessungen der Fahrgeschwindigkeit, die wir zuvor besprochen haben.

Die Lösung ist letzten Endes auch dieselbe: Wenn man sich sehr viele kleine Schritte zusammen anschaut, wird die Berechnung exakter. Im Grunde geht es darum, all diese unendlich kleinen Schritte zu addieren, denn dann weiß man genau, wie schnell und wie oft der Kopf hin und her schleuderte, wie gefährlich also der Aufprall war. Auf diese Berechnung stützen sich die Autohersteller nach wie vor, um vorherzusagen, wie sicher ihre Autos sind. Natürlich testen sie die Wagen auch unter realen Bedingungen, doch eine mathe-

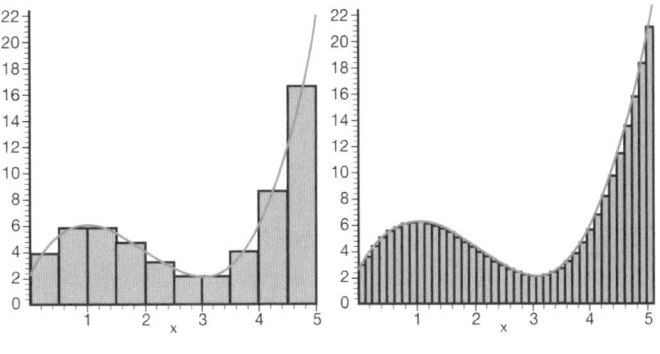

Grobe Berechnung der Fläche
unter einer Kurve.

Die Berechnung wird genauer,
je kleiner die Rechtecke
gewählt sind.

matische Berechnung macht alles einfacher und sicherer. Außerdem müssen sie nicht mehr so viele Autos zu Schrott fahren, um herauszufinden, wie sicher sie sind. Und sie erhalten schneller einen Wert, der etwas über die Sicherheit der Autos aussagt. Damit können die Wissenschaftler dann ermitteln, bei welchem aus dieser Berechnung gewonnenen Wert die Insassen beispielsweise eine Gehirnerschütterung erleiden. Auf diese Weise sorgen Integrale für Ihre Sicherheit.

Hat Integralrechnung nicht auch etwas mit Flächen und Inhalten zu tun? So kennen Sie das vielleicht noch aus dem Schulunterricht, denn mittels Integralrechnung gelangt man auch zu den Formeln für den Satz des Archimedes über Kugeln, Kegeln und Zylinder. Außerdem nutzt man zu diesen Berechnungen denselben Kniff, wenngleich die Veränderung nicht mehr so offensichtlich ist; man muss sie sich selbst dazudenken. Die folgende Abbildung zeigt, wie man eine Fläche berechnet: mit vielen kleinen Schritten, die man addiert. Schritten, die man außerdem immer weiter verkleinert. Dadurch passen die Rechtecke, deren Flächeninhalte berechnet werden, immer besser in den Bereich unterhalb der Kurve. Doch von einer Veränderung ist hier nichts zu sehen.

Wenn Ihnen das hilft, dann stellen Sie sich einfach vor, die beiden Abbildungen lägen flach auf dem Boden, und Sie möchten wissen, wie groß der Bodenbereich unter der Kurve ist. Bei einem Rechteck wäre das einfach, man könnte einfach Länge mal Breite messen. Und weil das so einfach ist, möchten wir auch die kompliziertere Form auf diese Weise berechnen: Wir teilen den Bodenbereich in viele kleine Rechtecke auf, die möglichst gut unter die gekrümmte Linie passen.

Läuft man auf einem schmalen Pfad in Rechteckform auf und ab, so lässt sich mit dieser simplen Berechnung von Länge mal Breite letztlich die gesamte Flächengröße ermitteln. Dazu muss man nur die Flächengrößen aller Rechtecke addieren. Die Veränderung liegt also im Ablaufen der Rechtecke, während man misst, wie weit man gelaufen ist. Und da man immer schmalere Rechtecke abläuft, passt diese Veränderung insgesamt auch immer besser zur Gesamtfläche.

Auf diese Weise lassen sich Oberflächen, aber auch Rauminhalte berechnen. Bei der Berechnung eines Rauminhalts muss man sich nur noch zusätzlich nach oben und unten bewegen. Da ist die Berechnung zwar etwas schwieriger, der Idee nach ist es aber das Gleiche. Man bewegt sich hin und her und berechnet anschließend, wie weit man gelaufen ist. Manchmal besagt das nicht mehr als ein Verfahren, das dem am Anfang dieses Kapitels erwähnten Auffinden von Standardformeln für Inhalte entspricht. Manchmal wird es jedoch konkreter. So lassen sich die Risikoberechnungen bei einem Crash auch als Flächenberechnungen verstehen: Die Rechtecke unterhalb der Linie entsprechen der Bewegung des Kopfes. Wenn die Linie anzeigt, wie schnell sich der Kopf bewegt, und eine höhere Stelle auf der Linie bedeutet, dass er sich schneller bewegt, dann kann man, nachdem man die

Linie abgelaufen ist, am Ergebnis der Addition sehen, wie schnell sich der Kopf insgesamt hin und her bewegt hat. Es ist dieselbe Idee, aber wieder anders beschrieben.

Etwas Unbeständigeres gibt es nicht: das Wetter

Die Wettervorhersage verspricht für morgen gutes Wetter. Aber wann kann man sich darauf schon verlassen? Wetterberichte liegen so oft daneben, dass man die Prognosen wohl besser mit einer gewissen Skepsis betrachten sollte. Oder etwa nicht? Jedenfalls galt das, bevor Meteorologen Integrale und Differenziale verwenden konnten, um ihre Prognosen zu erstellen. Seit das dank großer Computer möglich ist, sind die Prognosen überraschend präzise, vor allem wenn man sie mit den Vorhersagen der Siebzigerjahre vergleicht.

Damals gab es ein einfaches Rezept für Wettervorhersagen. Schritt eins: Schau nach draußen und studiere die Wolken, die du siehst, die Temperatur usw. Schritt zwei: Suche in einem dicken Buch nach einem früheren Tag, an dem die gleichen Bedingungen vorlagen. Schritt drei: Die Prognose für den nächsten Tag entspricht dem Wetter, das laut Buch dem Tag damals folgte. Man tat einfach so, als ob das heutige Wetter dem damaligen genau entspräche, so dass sich in den folgenden Tagen auch exakt das gleiche Wetter einstellen müsse. Schaut man sich jedoch nur die Wolken und die Temperatur an, liegt man natürlich fast immer falsch. Das Wetter ist wesentlich komplizierter, daher lagen die Prognosen oft daneben.

Natürlich lässt sich auch das Wetter «berechnen». Gerade die Wetterveränderungen, die Luftströmungen, sind für Berechnungen mit Integralen und Differenzialen wie geschaffen. Im Ersten Weltkrieg beispielsweise hatte Lewis Richardson die Idee, mit errechneten Wetterprognosen zu experimentieren – denn zu wissen, wie sich das Wetter entwickelte, hätte sich auch für die Kriegsführung ausgezahlt. Er begann vorsichtig mit einer Wetterprognose für die nächsten sechs Stunden. Er schaute also nach draußen, rechnete schnell, und als er damit fertig war, wusste er, wie das Wetter in den sechs Stunden nach seinem Blick aus dem Fenster wohl entwickeln würde. Allein, was das «schnelle Rechnen» anging, hatte sich Richardson vertan, denn für seine Berechnungen brauchte er sage und schreibe sechs Wochen!

Das Wetter mittels einer Berechnung vorherzusagen ist also sehr schwierig. Nicht nur, dass sich die Berechnung über sechs Wochen hinzog, zudem war sie oft auch noch falsch. Das lag einfach daran, dass das Wetter vielfältigen Schwankungen unterliegt, ob es sich nun um ein Lüftchen, einen Temperaturwechsel, um Luftfeuchtigkeit oder was auch immer handelt. Man muss wissen, wo sich die Hoch- und Tiefdruckgebiete befinden, wie sie sich verschieben – und das für einen sehr großen Bereich der Atmosphäre. Selbst kleine Veränderungen machen einen großen Unterschied.

Aufgrund dieser unzähligen Veränderungen können wir das Wetter auch heute noch nicht exakt vorhersagen. Selbst ein gigantischer Supercomputer vermag dazu nicht schnell genug zu rechnen. Daher haben wir es aufgegeben, alles exakt wissen zu wollen, und uns für einen Mittelweg entschieden: Ein Supercomputer tut so, als wäre das Wetter in einem Himmelsbereich von 10 Quadratkilometern überall gleich; noch kleinere Schritte würden zu viel Rechenarbeit erfordern. Mag die Wettervorhersage dadurch auch etwas ungenauer werden, so wird sie durch diesen Mittelweg bei der Vorhersage doch wesentlich zuverlässiger.

Dürfen wir dem Wetterbericht glauben, wenn er uns für morgen schönes Wetter verspricht? Ja. Meteorologen können das Wetter zwar nicht exakt vorhersagen, aber doch schon ziemlich gut. Computer errechnen, wie sich das Wetter in diesen Quadranten verändert. Dabei untersuchen sie mit Hilfe von Differenzialen, wie schnell sich die Luft bewegt, und stellen mit Hilfe von Integralen fest, wie stark sich alles nach einer gewissen Zeit verändert hat. Dank dieser Mathematik haben sich unsere Wetterprognosen zunehmend verbessert. Sie sind mittlerweile sogar so gut geworden, dass die Vorhersagen für den kommenden Tag fast immer zutreffen. Selbst eine Wetterprognose für die Folgewoche stimmt in 80 Prozent der Fälle. Diese Integrale und Differenziale sind schon ganz schön praktisch.

Integrale und Differenziale in Bauwerken, Strategieplänen und der Physik

Nicht nur das Wetter ändert sich. Auch andere Dinge sind Veränderungen unterworfen, Bauwerke zum Beispiel. Man merkt es nicht, aber ein Bauwerk ist ständig Kräften wie dem Wind und dem Gewicht der Menschen, die auf und in ihm herumlaufen, ausgesetzt. Die Schwerkraft wirkt auf es ein und gibt sich alle Mühe, es zum Einsturz zu bringen, und trotzdem bleibt alles ordentlich stehen, denn wir wissen, wie man ein Bauwerk errichten muss. Auch das hat sich wesentlich verbessert, seit Mathematik dabei eine Rolle spielt.

Lange Zeit wurden Bauwerke auf der Grundlage früherer Erfahrung errichtet. Die Menschen bauten das, was sie kannten, ohne allzu viel zu experimentieren. Neues wurde nur vorsichtig ausprobiert in der Hoffnung, dass es schon gut gehen würde. Bauen war eine Kunst, die sich um 1900 immer mehr zu einer Wissenschaft entwickelte. Sehen Sie sich zum Beispiel die Golden Gate Bridge auf Seite 122 an.

Die Golden Gate Bridge in San Francisco.

Als sie gebaut wurde, war sie bei Weitem die längste Brücke der Welt: fast drei Kilometer lang und mit gut 129 000 Kilometer Draht in ihren Kabelsträngen. Alles an ihr übertraf die Brücken, die früher gebaut worden waren. Wie baut man so etwas? Und wie kann man sicher sein, dass eine so große Brücke auch stehen bleibt? Dass der Wind sie nicht zerstört und sie in der Mitte nicht doch zu schwer wird? Das wurde im Vorhinein berechnet.

Das physikalische Know-how, das man benötigt, um zu berechnen, ob eine Brücke stehen bleibt, basiert auf Integralen und Differenzialen. Dabei geht es vor allem um das Durchbiegen von Stahlträgern. Wie Sie sehen können, besteht die Golden Gate Bridge aus Stahlteilen, auf denen Gewicht lastet. Diese Stahlträger biegen sich daher durch. Wie weit sie das tun, lässt sich berechnen. Die Veränderung der Form erfasst ein Differenzial, und um anschließend feststellen zu können,

Der Unterschied in der Verformung eines Trägers, je nachdem,
auf welcher Kante er aufliegt.

wie weit sich der Träger insgesamt durchbiegt, verwendet man
ein Integral. Dabei ist alles Mögliche zu berücksichtigen,
unter anderem wie dieser Träger aufliegt. In der folgenden Abbildung sehen Sie, was ich meine: Ein flacher Träger verbiegt
sich viel stärker als ein Träger, der auf der schmalen Seiten-
kante aufliegt.

Die Mathematik befreit die Baukunst von bloßen Mut-
maßungen. Die Konstrukteure der Golden Gate Bridge hatten
zwar Erfahrung mit Stahlträgern, doch niemand hatte Erfahrung mit einer Brücke derartiger Ausmaße – und erst recht
nicht mit einer Brücke dieser Größe, die völlig aus Stahl war.
Zwar könnte man auf gut Glück bauen und hoffen, dass sich
alles gleich verhielte, wenn man es in größerem Maßstab an-
legte. Doch das könnte sehr teuer werden, wenn es letztlich
schiefginge. Der Steuerzahler will sicherlich nicht für eine
Reihe von Experimenten aufkommen, bei denen die Brücken
immer wieder einstürzen. Stellt man vorab Berechnungen an,
sind diese Experimente glücklicherweise nicht vonnöten. Auf
diese Weise hat es die Mathematik im Grunde möglich gemacht, dass wir immer größere und komplexere Bauten er-

Der CCTV-Tower in Peking.

richten. Weil wir ausrechnen können, wann ein Bauwerk stabil ist, können wir auch Bauten errichten, wie sie die Welt noch nicht gesehen hat. Ein Gebäude wie das in Peking in der obigen Abbildung wird plötzlich machbar.

Veränderung gibt es auch in vielen anderen Bereichen. Man denke zum Beispiel an die Wirtschaft, in der Geld von einem Ort zum andern fließt. Die Zahl der Arbeitsplätze, der freien Stellen und der Arbeitssuchenden ändert sich ständig. Gelegentlich trifft der Staat Maßnahmen, um Veränderungen herbeizuführen. Solche Strategiepläne müssen natürlich durchgerechnet werden. Welche Auswirkungen sind eigentlich zu erwarten, wenn beispielsweise die Kapitalertragssteuer abgeschafft wird? Für Antworten auf derartige Fragen gibt es in den Niederlanden das Zentrale Planungsbüro (CPB); dort werden die Pläne der Regierung begutachtet und ihre möglichen Konsequenzen berechnet.

Das CPB schüttelt diese Berechnungen nicht einfach aus dem Ärmel. Es verwendet dazu ein umfangreiches mathematisches Modell, das aus einer Reihe von Formeln zu ökonomischen Belangen besteht. Mit ihnen lassen sich Aussagen zu den Auswirkungen von Veränderungen treffen. Und was enthalten diesen Formen? Sie erraten es wahrscheinlich: Integrale und Differenziale, mit denen sich die Veränderungen berechnen lassen.

Durch die Abschaffung der Kapitalertragssteuer ändern sich die Steuereinnahmen des Fiskus und damit auch die Geldmenge in privater Hand. Wenn es gut läuft, löst diese Maßnahme weitere wünschenswerte ökonomische Effekte aus. Man verändert ein Element und hofft, dass sich damit viele andere Dinge zum Besseren wenden. Das CPB kann dazu einen Beitrag leisten, indem es über die Auswirkungen nachdenkt. Man kann etwas präzisere Voraussagen treffen, wenn man sie mathematisch berechnet. Außerdem minimiert man damit das Risiko, etwas zu übersehen. Ein Einzelner vergisst schnell mal etwas, aber die Formeln tun das natürlich nicht.

Integrale und Differenziale begegnen uns aber auch in unserem näheren Umfeld. In den Geräten und Maschinen, mit denen wir uns umgeben: dem Auto, der Kaffeemaschine, dem Thermostat. Oder auch im Autopiloten des Flugzeugs, mit dem wir in den Urlaub fliegen. All diese Geräte und Maschinen hängen gleichermaßen von dem Zweig der Mathematik ab, über den die Schüler und Schülerinnen der gymnasialen Oberstufe so sehr klagen.

Ihnen allen ist gemeinsam, dass sie etwas kontrolliert verändern müssen. Der Thermostat muss dafür sorgen, dass sich die Wohnung bis zur richtigen Temperatur aufwärmt und diese Temperatur gehalten wird, und er tut das mittels Berechnungen. Angenommen, in Ihrer Wohnung ist es morgens 16 Grad warm und Sie hätten gerne eine Temperatur von 18 Grad. Dann berechnet der Thermostat, wie stark die Heizung hochfahren muss und für wie lange. Dank eines Differenzials kann der Thermostat kontrollieren, wie schnell sich die Differenz zwischen der jetzigen und der gewünschten Temperatur überbrücken lässt bzw. wie schnell sich die Wohnung aufwärmt. Um zu vermeiden, dass es in der Wohnung zunächst viel zu warm wird und sie anschließend erst wieder eine Zeit lang abkühlen muss, rechnet der Thermostat mit Differenzialen und Integralen.

Andernorts verhält es sich nicht anders. Der Tempomat des Autos muss das Tempo erst anpassen und es anschließend halten. Man muss konstant Gas geben, da der Wagen ansonsten langsamer fahren würde. Wie viel Gas man geben muss, wird mit Differenzialen und Integralen berechnet. So arbeitet auch der Autopilot eines Flugzeugs, und die gleiche Idee steckt hinter der eindrucksvollen Landung der SpaceX-Raketen. In all diesen Fällen geht es um Veränderungen, die kontrolliert werden müssen. Integrale und Differenziale sind dazu fast unumgänglich.

Auch die Physik kommt nicht ohne Integrale und Differenziale aus. In der Natur ist alles ständig in Veränderung begriffen. Zur Erforschung der Natur braucht man daher eine Methode, um Veränderungen zu betrachten: die Integral- und Differenzialrechnung. Newton verwendete sie sofort für seine Theorie der Schwerkraft. Das alles war damals noch neu, deshalb stellte Newton noch nicht so viele Berechnungen damit an. Doch seine Formulierungen waren, wie wir schon im vorigen Kapitel sehen konnten, überraschend präzise und einfach. Sogar so präzise und einfach, dass Richard Feynman, ein berühmter Physiker des 20. Jahrhunderts, meinte, Newton hätte seine Theorie auf keine anderen Weise aufschreiben können, ohne sie schlechter zu machen.

Alle ran an die Integrale?

Integrale und Differenziale sind ausgesprochen nützlich. Sie sind allerdings etwas schwerer zu verstehen als die Arithmetik und Geometrie, die wir im vorigen Kapitel thematisiert haben. Aber müssen wir uns selbst auch damit befassen? Diese Frage stellt sich wohl fast jeder Oberstufenschüler. Werde ich sie in meinem Alltag jemals verwenden? Das kommt darauf an, denn wie ich in diesem Kapitel gezeigt habe, spielen sie in vielen Bereichen eine Rolle. Will man später Bauwerke entwerfen? Dann ist die Wahrscheinlichkeit groß, dass man ihnen begegnet. Schlägt man eine naturwissenschaftliche Laufbahn ein? Dann wird man wahrscheinlich irgendwann mit Integralen und Differenzialen arbeiten. Und auch wer Crashtests durchführt oder Autos designt, hat es mit Integral und Differenzial zu tun. Aber nun gut, es bleiben immer noch genügend Berufe, in denen sie einem nie über den Weg laufen.

Die Wahrscheinlichkeit ist daher groß, dass man in seinem Alltag niemals in eine Situation kommt, in der man ein Integral oder Differenzial berechnen müsste. Wir können sehr gut über die Veränderungen in unserem Leben nachdenken, ohne sie zu berechnen. Aus diesem Blickwinkel betrachtet, trifft es zu, dass wir Integrale und Differenziale in unserem Alltag nicht verwenden. Solange man sich für einen Beruf entscheidet, in dem Mathematik keine Rolle spielt, braucht man selbst nicht damit zu arbeiten. Ja, selbst wenn man sich für einen solchen Beruf entscheidet, muss man sie womöglich nicht berechnen, zumindest nicht *eigenhändig*. Denn es wird immer einfacher, einen Computer dazu einzusetzen.

Könnte es denn aus einem anderen Grund wichtig sein, etwas über Integrale und Differenziale zu wissen? Ich könnte mir vorstellen, dass Sie allein schon deshalb etwas von Zahlen verstehen möchten, weil die Behörden Ihre Steuern damit berechnen. Schließlich wäre es doch ziemlich ärgerlich, wenn sich in Ihren Steuerbescheid, ohne dass es Ihnen auffiele, ein Fehler eingeschlichen hätte. Andererseits muss man Berechnungen, die mit Integralen und Differenzialen durchgeführt werden, eigentlich nie auf diese Weise kontrollieren. Gewiss, es wird mit ihnen gerechnet und es werden anhand dieser Berechnungen Entscheidungen getroffen. Wenn man diese Entscheidungen wirklich verstehen will – also zum Beispiel wirklich nachvollziehen will, was beim Durchrechnen der Reformpläne der Regierung herauskommt –, kommt man um diese Form der Mathematik nicht herum. Doch im Allgemeinen werden auch die Resultate dieser Berechnungen keine unmittelbaren Auswirkungen auf Sie haben, ganz im Gegensatz zu den Zahlen, mit denen Ihre Steuern berechnet werden.

Doch das bedeutet nicht, dass man sich über den Lehrstoff der Oberstufe bitterlich beschweren sollte. Die Idee, die hinter Integralen und Differenzialen steckt, ist vielleicht schwieriger zu verstehen, aber allzu merkwürdig hört sie sich hoffentlich doch nicht an. Die mathematischen Zeichen verstellen einem leicht die Sicht auf den dahinterstehenden Gedanken: Man untersucht eine Veränderung, indem man sie in möglichst kleine Schritte aufteilt. Wenn man verstehen möchte, wie die Dinge, die uns umgeben, funktionieren, ist es wesentlich, diesen Gedanken nachzuvollziehen.

Integrale und Differenziale haben nämlich die Welt verändert. Sie haben Computer, Smartphones, Flugzeuge und viele andere Produkte der modernen Technik erst ermöglicht, und sie sind für jeden, der die Welt, in der wir leben, besser verstehen will, unverzichtbar. Dank dieses Verständnisses können wir mit diesen modernen Techniken arbeiten; ohne dieses Verständnis würden wir noch immer ausschließlich auf dem aufbauen, was uns die praktische Erfahrung lehrt. Kurzum, ohne Integrale und Differenzale würden wir in einer völlig anderen Welt leben.

Nutzlos sind sie also keineswegs. Wir begegnen ihnen viel häufiger, als wir vermuten. Wir bemerken sie allerdings oft nicht und müssen uns auch nicht per se mit ihnen befassen, denn mittlerweile sind wir so weit, dass diese Berechnungen für uns erledigt werden. Alle ran an die Integrale? Nein, das nicht. Aber ich plädiere schon dafür, jedem den Gedanken, der hinter Integralen steht, zugänglich zu machen. In gleicher Weise, wie wir jedem historisches Wissen vermitteln. Integrale und Differenzale bilden einen wichtigen Grundbaustein der Welt, in der wir leben. Leider wird dieser oft auf eine Art präsentiert, die abschreckend wirkt. Das ist aber gar nicht nötig: Die Idee dahinter und der Nutzen dieser Idee sind durchaus leicht zu verstehen.

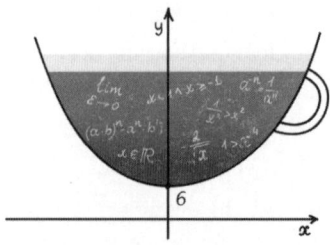

Zugriff auf Ungewissheit

Herbst 2016. Alle Blicke sind auf Amerika und die Präsidentschaftswahlen gerichtet, und wie immer können wir das Ergebnis nicht abwarten. Wir möchten im Vorhinein wissen, wer die größten Gewinnchancen hat: Hillary Clinton oder Donald Trump? Die damaligen Prognosen sind mittlerweile berüchtigt. Die Experten hinter den Erhebungen gaben Clinton eine 70- bis 99-prozentige Gewinnchance. 99 Prozent!

Wir wissen alle, wie es damals ausging. Zur allgemeinen Überraschung gewann Trump. Die Umfragen lagen weit daneben, so schien es zumindest. Die Experten hatten sich mit ihrer Einschätzung, Clinton habe den Sieg so gut wie sicher in der Tasche, jedenfalls gründlich vertan. Wie konnten sich so viele Menschen irren? Das ist die große Frage, zumal solche Irrtümer durchaus häufiger vorkommen. Denken Sie nur an die Umfragen vor dem Brexit-Referendum in Großbritannien zurück. Den Erhebungen zufolge wollte eine Mehrheit in der EU bleiben. Auch wenn diese Ergebnisse mit weniger Selbstsicherheit vorgetragen wurden als in den Umfragen zur amerikanischen Präsidentschaftswahl, gab es doch eine deutliche Tendenz für das *Remain*-Votum. Und auch in diesem Fall waren die Umfragen und Prognosen falsch: Eine Mehrheit stimmte gegen einen Verbleib in der EU.

Was soll man nun von Umfragen halten? Wenn uns die Zahlen so zum Narren halten können, dürfen wir ihnen dann überhaupt vertrauen? Ja, durchaus, aber nicht blindlings. Weil Umfragen danebenliegen können, ist es wichtig zu wissen, wie sie funktionieren. Auch Umfragen sind schließlich Berechnungen, die irgendwo ihre Grundlage haben. Zudem machen wir diese Berechnungen noch gar nicht besonders lange; im antiken Athen, wo man ebenfalls schon über wichtige Entscheidungen abstimmte, gab es sie beispielsweise noch nicht. Die Athener hatten noch keine Mathematik, die ihnen das Ergebnis hätte vorhersagen können, und selbst zu Lebzeiten von Leibniz und Newton gab es diese Mathematik noch nicht, wenngleich sich beide schon mit diesem Thema beschäftigten. Alles begann erst im Jahr 1654.

Spiele in der Mathematik

Blaise Pascal und Pierre de Fermat, zwei (Hobby-)Mathematiker, führten damals eine intensive Diskussion miteinander. Pascal war nämlich von einem französischen Adligen dazu aufgefordert worden, ein spezielles Problem zu lösen. Chevalier de Méré liebte Spielwetten. Dabei stieß er allerdings auf ein Problem: Ein Spiel muss manchmal unterbrochen werden, bevor es einen eindeutigen Gewinner gibt. Wenn etwa der König überraschend zu Besuch kommt, kann man sein Spiel nicht einfach fortsetzen. Daher wollte er wissen, wie das Geld, um das man spielte, verteilt werden sollte. Seine Frage an Pascal war: Wie geht man dabei vor? Pascal wusste es auch nicht, also schrieb er an Fermat und korrespondierte mit ihm, bis sie eine Lösung gefunden hatten: Es ging dabei um die

Wahrscheinlichkeit, dass man selbst oder derjenige, auf den man wettet, letztendlich gewinnt. Damit war die Wahrscheinlichkeitsrechnung, auch als Statistik bekannt, geboren.

Angenommen, Sie spielen ein Spiel, bei dem es darum geht, drei Partien zu gewinnen, und das Sie notgedrungen beim Stand von 2:1 beenden müssen. Was muss Ihr Gegenspieler Ihnen dann bezahlen? ²/₃ der Siegprämie, weil Sie zwei von drei Partien gewonnen haben? Nein, Sie sollten mehr bekommen, denn es geht ja um die Wahrscheinlichkeit, dass Sie die ganze Siegprämie bekommen. Diese Wahrscheinlichkeit beträgt offensichtlich ³/₄, also sollten Sie auch diesen Teil der Siegprämie erhalten. Pascal und Fermat fanden das heraus, indem sie sich die möglichen Spielausgänge vor Augen führten, wie sie in der folgenden Abbildung dargestellt sind.

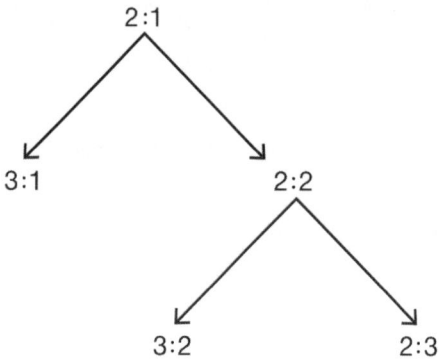

Die möglichen Endergebnisse des unterbrochenen Spiels.

Angenommen, Sie würden auch die nächste Partie gewinnen, dann stünde es 3:1. Die andere Option wäre, dass Ihr Gegenspieler die nächste Partie zum Zwischenstand von 2:2 gewänne und Sie noch eine weitere Partie spielen müssten, nach der es entweder 3:2 oder 2:3 stände. In zwei von drei Fällen würden Sie also gewinnen. Nur gibt es dabei ein Problem: Die

Zahl der gespielten Partien ist nicht immer gleich. Wenn Sie auch nach dem 3 : 1 (siehe linke Option in der Abbildung auf Seite 132) noch eine zusätzliche Partie spielten und auf 3 : 2 oder 4 : 1 kämen, würden Sie eigentlich in drei von vier Fällen gewinnen. Daher liegt die Wahrscheinlichkeit nach Pascal und Fermat bei 3 : 4.

Welchen Nutzen hat das? Es klingt nicht so, als hätte man damit ein sehr wichtiges Problem gelöst. So etwas kommt vielleicht ab und an vor, aber sie hätten auch einfach später weiterspielen können. Für einen der am meisten angewandten Teilgebiete der Mathematik ist das ein überraschend nutzloser Einstieg. Erstaunlicherweise erschienen kurz darauf eine ganze Reihe von Mathematikern auf der Bildfläche, die solche Berechnungen für andere Situationen und immer komplizierter Spiele anstellten.

Waren diese Berechnungen also wirklich so nutzlos? Womöglich nicht, denn in der Zeit von Fermat und Pascal wurde auch im Handel immer mehr spekuliert. Es gab Investoren, die ihr Geld darauf setzten, dass ein Schiff mit einer Ladung voller Handelswaren sicher in die Heimat zurückkehren würde. Manchmal machten diese Investoren auch einen Rückzieher, beispielsweise weil sie ihr Geld für etwas anderes benötigten. Es könnte gut sein, dass Mathematiker deshalb über eine einfachere Methode zur Berechnung des Geldes nachdachten, das die Spekulanten vor dem «Ende» zurückhaben wollten.

Worin die Motivation auch immer bestanden haben mag, die Erforschung solcher Spiele führte nicht sofort zu brauchbaren Ergebnissen. Denn man muss dabei im Voraus wissen, wie groß die Wahrscheinlichkeit ist, dass man eine Partie gewinnt. In meinem Beispiel, bei dem sich eine Wahrscheinlichkeit von 3 : 4 ergeben hat, bin ich davon ausgegangen, dass beide Spieler die gleichen Gewinnchancen pro Partie hatten. Bei den meisten Spielen ist das natürlich nicht der Fall; vielleicht sind Sie ja besser als Ihr Gegenspieler. Dann ist Ihre Gewinnchance natürlich größer. Eigentlich berechnet man also, was passieren wird, wenn man schon genau weiß, wie alles verlaufen wird. Denken Sie kurz einmal an die Wahlen zurück. Die Wahrscheinlichkeitsrechnung aus meinem Beispiel kann man bei den Wahlen nur verwenden, wenn man von jedem einzelnen Wähler weiß, wie groß die Wahrscheinlichkeit ist, dass er oder sie für Trump bzw. Clinton stimmen wird. Eigentlich muss man also von allen registrierten amerikanischen Wählern wissen, wie sie wählen werden. Doch das verfehlt seinen Zweck; zudem kann man nicht die Gedanken jedes Wahlberechtigten in Amerika lesen. Wenn man das könnte, bräuchte man auch keine Prognosen mehr zu erstellen. Dann nämlich wüsste man das Ergebnis bereits. In gewissem Sinne hätte man die Wahlen dann schon abgehalten!

Spannend wird es erst, wenn es gelingt, Wahrscheinlichkeiten zu berechnen, ohne schon über alle für das Ergebnis relevanten Informationen zu verfügen. Wo setzt man damit an? Bei Auskünften, die man sehr wohl bekommen kann, beispielsweise einem ausgefüllten Fragebogen zum Wahlverhalten. Diese Fragebögen kann man nur einer kleinen Gruppe von Wählern vorlegen, und auch ob sie diese Fragen ehrlich beantwortet werden, weiß man nicht, aber mehr steht nun einmal nicht zur Verfügung. Oder man geht das Ganze noch einfacher an, etwa analog zu Jakob Bernoulli in seinem Buch *Ars Conjectandi* aus dem Jahr 1713.

Bernoulli versuchte als Erster, eine Wahrscheinlichkeit zu berechnen, ohne alle möglichen Resultate zu kennen. Angenommen, Sie haben ein großes Tongefäß, von dem Sie wissen, dass es 5000 Steinchen enthält. Was Sie nicht wissen, ist, wie viele von diesen Steinchen weiß oder schwarz sind. Um das herauszufinden, nehmen Sie einige Steine aus dem Gefäß: zwei sind schwarz und drei weiß. Bedeutet das nun, dass sich

2000 schwarze und 3000 weiße Steine in dem Gefäß befinden? Vielleicht, aber es könnte auch gut sein, dass Sie zufällig die einzigen drei Steinchen erwischt haben, die weiß sind. Diese Wahrscheinlichkeit ist natürlich viel geringer, aber sie besteht.

Also angelt man sich weitere Steinchen aus dem Gefäß. Immer wieder ergibt sich das gleiche Verhältnis: zwei schwarze und drei weiße Steinchen. Logischerweise wächst damit die Gewissheit, dass sich tatsächlich 3000 weiße Steine darin befinden, ebenso wie die Gewissheit wächst, dass die Sonne am nächsten Morgen wieder aufgeht, je häufiger wir dieses Geschehen miterleben. Doch wie viele Steinchen muss man nun aus dem Gefäß fischen, bis man mit Fug und Recht sagen kann, dass dieses Verhältnis stimmt? Das wollte Bernoulli berechnen. Seiner Auffassung nach wissen wir das erst mit «moralischer Gewissheit», wenn wir in 999 von 1000 Fällen richtigliegen. Allerdings handelte er sich damit ein Problem ein. Um lediglich in 49 von 50 Fällen auf das richtige Ergebnis zu kommen, muss man seiner Berechnung nach bereits 25 550-mal in den Topf greifen.

Damit endet sein Buch. Bernoulli bricht seine Darstellung mittendrin ab, denn ein Experiment 25 550-mal durchzuführen und damit nicht einmal in die Nähe «moralischer Gewissheit» zu gelangen, ist wirklich zu viel verlangt. Er publizierte sein Werk nicht, und erst acht Jahre nach seinem Tod beschloss sein Neffe, es zu veröffentlichen; die Veröffentlichung ließ auch deshalb so lange auf sich warten, weil Bernoullis Witwe weder seinem Bruder, mit dem sich Bernoulli ständig in wissenschaftlichen Zeitschriften stritt, noch seinem Neffen vertraute.

Bernoulli machte also einen guten ersten Versuch, handelte sich dabei aber einige Probleme ein. Zunächst einmal muss man spekulieren, welches das richtige Verhältnis ist:

Man muss sich vorab dafür entscheiden, dass man wissen will, wie groß die Wahrscheinlichkeit ist, dass sich 3000 weiße Steine darin befinden. Wenn man wissen will, wie wahrscheinlich es ist, dass 2999 weiße Steine darin liegen, muss man eine andere Berechnung durchführen. Zweitens ist die Zahl der erforderlichen Experimente zu groß und die Anforderung an die Gewissheit zu hoch. Die Wissenschaft begnügt sich heute in der Regel mit der Anforderung, dass man in 19 von 20 Fällen richtigliegt.

Halten wir fest: Mit Spielen hat die Mathematik der Wahrscheinlichkeitsrechnung begonnen. Später wurde sie allmählich immer alltagstauglicher. Schon Bernoulli versucht offensichtlich etwas zu berechnen, was auch nützlich ist. Er kommt einer Lösung daher auch etwas näher: Man muss nicht mehr wissen, was alle amerikanischen Bürger denken, um eine Prognose aufzustellen. Doch man muss vorab noch immer annehmen, dass Clinton 52 Prozent der Stimmen bekommen wird, was das Ganze nicht viel praktischer macht, nicht zuletzt, weil man es gar nicht wissen kann. Spekulative Annahmen dieser Art gilt es deshalb zu vermeiden, und glücklicherweise geht das auch – dank der Ideen des Mathematikers Abraham de Moivre, die ebenfalls auf etwas beruhen, das wir alle mit Wahrscheinlichkeit in Zusammenhang bringen: den Münzwurf.

Münzen verteilen

De Moivre wuchs in Frankreich auf, floh aber nach England, nachdem er als Protestant ein Jahr in einer französischen Gefängniszelle verbracht hatte. Nach seiner Ankunft in England fand er eine Anstellung als Mathematiklehrer, er unterrichtete allerdings nicht Schulklassen, sondern Adelssprösslinge. In

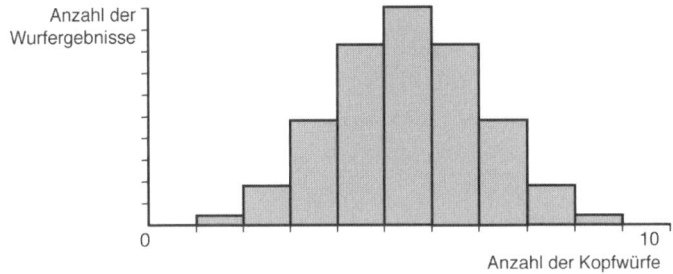

Anzahl der
Wurfergebnisse

0   10
                                    Anzahl der Kopfwürfe

Wahrscheinlichkeit der Würfe, die Kopf zeigen, wenn man
eine Münze zehnmal wirft.

seiner Freizeit stellte er selbst Forschungen an und war überraschend gut darin. So gut sogar, dass Newton irgendwann
Leute, die Fragen zur Mathematik hatten, an ihn weiterverwies.

De Moivre befasste sich ebenfalls mit weißen und schwarzen Steinchen. Bei ihm sind das die beiden Seiten einer geworfenen Münze. Wirft man eine Münze oft genug, dachte
De Moivre, dann erhält man automatisch eine «Binominalverteilung», einen Graphen, der sich bei zwei («bi») möglichen
Ergebnissen ergibt. Im Folgenden sehen Sie einen solchen
Graphen für einen zehnmaligen Münzwurf. Ganz rechts ist
die Wurffolge verzeichnet, bei der man zehnmal Kopf sieht.
Ganz links die Wurffolge, bei der man kein einziges Mal Kopf
sieht. Genau in der Mitte liegt die Zahl der Wurffolgen, bei
denen man fünfmal Kopf sieht.

Natürlich ist es wahrscheinlicher, dass man bei zehn
Münzwürfen fünfmal Kopf und fünfmal Zahl sieht, daher ist
der Graph dort auch am höchsten. Das ist «normaler», als
zehnmal Kopf zu werfen. Einer solchen Verteilung begegnet
man in den unterschiedlichsten Zusammenhängen. Körpergröße ist dafür auch ein gutes Beispiel: In Deutschland sind
die Männer im Durchschnitt 1,80 Meter groß. Diese Größe

bildet den Scheitelpunkt des Graphen. Ist man kleiner, liegt man links davon. Es gibt zum Beispiel nicht besonders viele Männer, die nur 1,50 Meter groß sind, daher ist ihre Größe auf einem niedriger gelegenen Punkt des Graphen verzeichnet. Auch Männer, die 2 Meter groß sind, gibt es nicht so viele; ihre Größe findet sich auf der anderen Seite rechts unten.

Nun ist die Abbildung mit dem 10-maligen Münzwurf noch ziemlich grob. Schauen Sie sich dagegen die folgende Abbildung eines 50-maligen Münzwurfs an, da sind die Übergänge schon viel fließender.

Wenn man mit den Münzwürfen oder den Größenmessungen eine Weile fortfährt, erhält man letztlich eine glatte hügelförmige Kurve. In der Abbildung unten sieht man auch gleich, was dieser Hügel mit Wahrscheinlichkeit zu tun hat.

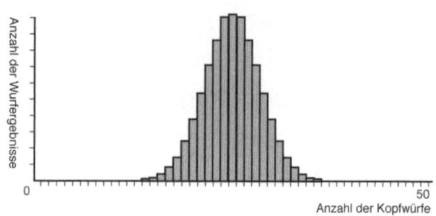

Anzahl der Ergebnisse, die Kopf zeigen, wenn man
eine Münze fünfzigmal wirft.

Indem man Newtons und Leibniz' Methode – Integralrechnung – verwendet, kann man die Fläche unter dem Hügel berechnen. Bei einer solchen Berechnung zeigt sich, dass der Bereich unter dem oberen Kurvenverlauf der «Normalität» entspricht, denn innerhalb dieser beiden Segmente liegen fast 40 Prozent aller Ergebnisse.

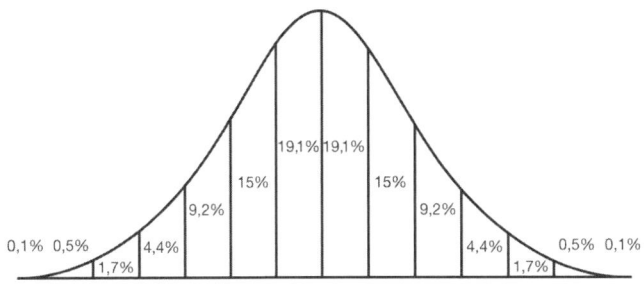

Eine Normalverteilung, wobei die Zahlen angeben, wie groß
die Wahrscheinlichkeit ist, dass der Wert in den jeweiligen
abgegrenzten Bereich der Linie fällt.

Diese Fläche entspricht zugleich auch einer Wahrscheinlichkeit. Da fast 40 Prozent aller Männer ungefähr 1,80 Meter
groß sind, entspricht das auch der Wahrscheinlichkeit, dass
ein beliebiger Mann 1,80 Meter groß ist. Bei Münzen funktioniert das genauso. Die Wahrscheinlichkeit, dass man die
Hälfte der Zeit Kopf sieht, ist viel größer als die Wahrscheinlichkeit, dass man bei 100-maligem Werfen hundertmal Kopf
sieht. Diese Wahrscheinlichkeit liegt nicht bei null, denn man
kann natürlich unter Umständen hundertmal hintereinander
Kopf werfen, aber das ist sehr unwahrscheinlich. Daher liegt
diese Möglichkeit auch so weit unten auf der Kurve.

Zweimal Thomas

De Moivre verwendete also diese Kurve und die Integralrechnung, um Wahrscheinlichkeiten zu ermitteln. Aber für welche Zwecke war diese Kurve wirklich von praktischer Bedeutung? Für Messungen der Körpergröße ist sie sicherlich
hilfreich, und auch die Berechnung von IQ-Werten greift auf

sie zurück. Aber wichtige Dinge wie Wahlumfragen lassen sich nicht so einfach unter einen solchen Hügel einpassen. Denn hier gibt es keine «normalen» und «außergewöhnlichen» Stimmen. Auch in der Wissenschaft funktioniert das nicht so einfach. Stellen Sie sich vor, Sie möchten wissen, ob Sie nun wirklich ein Higgs-Teilchen, eine der wichtigsten Entdeckungen der letzten zehn Jahren, gefunden haben oder nicht. Wie kann man dazu diese Ergebnisverteilung verwenden? Ist das überhaupt möglich?

Die Antwort lautet: ja, und zwar dank des Werks eines anderen Mathematikers namens Thomas Simpson. Er baute auf der Arbeit seines Zeitgenossen De Moivre auf und veröffentlichte ebenfalls ein Buch, in dem er dessen Arbeit einer breiteren Öffentlichkeit zugänglich machte. Das gefiel De Moivre ganz und gar nicht; in einem seiner folgenden Bücher wandte er sich im Vorwort an «eine gewisse Person, die … aus Mitgefühl mit der Öffentlichkeit eine zweite Ausgabe dieses Buches mit derselben Thematik zu einem sehr gemäßigten Preis veröffentlichen wird … ungeachtet dessen, wie sehr er meine Argumentation entstellt …». Simpson ging zum Gegenangriff über, aber glücklicherweise schritten Freunde von De Moivre ein und sorgten dafür, dass der Streit nicht aus dem Ruder lief.

Darüber hinaus wartete Simpson mit einer neuen Idee auf: Er stellte die Wahrscheinlichkeitsrechnung gleichsam auf den Kopf, indem er sich nicht auf die Wahrscheinlichkeit konzentrierte, wie oft man richtigliegt, sondern darauf, wie oft man falschliegt. Auf die Wahrscheinlichkeit also, dass das Ergebnis eines wissenschaftlichen Experiments *nicht* stimmt. In den meisten Fällen werden die Apparate gut funktionieren, dann macht man nur kleine Messfehler. Die Chance, dass man ungefähr richtig misst, ist also groß; diese Fälle würden in der Mitte, im oberen Bereich des Hügels, liegen. In einigen Fällen werden aber starke Abweichungen auftreten. Wenn man wirklich Pech hat, macht man einen groben Messfehler, wenn das auch nicht allzu oft passiert. Die Wahrscheinlichkeit grober Fehler ist gering, daher liegt man mit einem solchen Ergebnis im unteren Bereich des Hügels ganz links oder ganz rechts.

Wenn ansonsten alles gut läuft, können wir mit Hilfe der Mathematik berechnen, wie hoch die Wahrscheinlichkeit ist, dass unsere Vermutung, beispielsweise dass Higgs-Teilchen existieren, richtig ist. Denn schließlich wissen wir ja nicht, welche Messungen korrekt sind: Gibt es nun ein Higgs-Teilchen, ja oder nein? Wir wissen es nicht, also wissen wir auch nicht, ob die Messungen, die anzeigen, dass es eines gibt, zutreffen; vielleicht sind gerade sie fehlerhaft. Daher verwenden wir die Kurve, wobei wir so tun, als ob unsere Schlussfolgerung falsch sei, und schauen uns dann an, wie absonderlich die Messungen in diesem Fall wären. Wir stellen uns vor, dass kein Higgs-Teilchen existiert. Dann berechnen wir, wie wahrscheinlich es ist, die von uns gemessenen Ergebnisse zu erzielen. Wenn dafür eine Menge Rechenfehler nötig wären, die Ergebnisse also am unteren Ende der Kurve landen würden, sind das gute Neuigkeiten. Dann ist es unwahrscheinlich, dass es kein Higgs-Teilchen gibt, also besteht eine große Chance, dass es existiert. Sind für die von uns erzielten Messungen aber kaum Messfehler nötig, landet das Ergebnis also im oberen Bereich der Kurve «Keine Higgs-Teilchen», dann müssen wir die Forscher enttäuschen. Zum Glück war Letzteres nicht der Fall. Es ist also viel wahrscheinlicher, dass es tatsächlich ein Higgs-Teilchen gibt. Und so verfuhr man auch am CERN, der Europäischen Organisation für Kernforschung; die Experimente ergaben Messungen, die schon sehr zufällig sein müssten, sollte es kein Higgs-Teilchen geben. Die Wahrscheinlichkeit, dass Ergebnisse auf Messfehler zurückführbar waren, lag bei dem minimalen Wert von 1 zu 3,5 Millionen!

Nun erkannte Simpson das nicht alles selbst. Denken wir

kurz noch einmal an die beiden Probleme in Bernoullis Werk zurück: Es waren zu viele Experimente erforderlich, und man konnte nur berechnen, wie wahrscheinlich es war, dass die eigene Einschätzung richtig ist. Thomas Simpson löste das erste Problem, denn seine Berechnungen kamen mit viel weniger Experimenten aus. Später löste ein anderer Thomas, Thomas Bayes, das zweite Problem, indem er Simpsons Idee weiterentwickelte. Dank Bayes können wir heute auch berechnen, wie absonderlich es wäre, zu diesen Resultaten zu gelangen, wenn es *keine* Higgs-Teilchen gäbe.

Gewisse Wahrscheinlichkeiten lassen sich einfacher berechnen als andere. Stellen Sie sich vor, Sie bekommen eine E-Mail und Ihr E-Mail-Provider muss berechnen, mit welcher Wahrscheinlichkeit es sich dabei um Spam handelt. Dazu kann man nach bestimmten Wörtern suchen, die in Spammails oft vorkommen, wie zum Beispiel «nigerianischer Prinz». Das lässt sich allerdings schwer vorhersagen, der Provider weiß im Vorhinein nicht, ob es sich um Spammails oder normale Mails handelt, also kann er auch nicht beurteilen, ob die Worte «nigerianischer Prinz» vor allem in Spammails vorkommen. Bayes fand eine Formel, mit der man schließlich doch die Wahrscheinlichkeit errechnen kann, dass es sich bei einer E-Mail um Spam handelt, wenn sie diese Wörter enthält:

$$\text{Spamwahrscheinlichkeit bei Wörtern} = \frac{\text{Spamwahrscheinlichkeit} \times \text{Wortwahrscheinlichkeit bei Spam}}{\text{Wortwahrscheinlichkeit}}$$

Man muss dazu drei andere Wahrscheinlichkeiten kennen. Glücklicherweise kann der E-Mail-Provider diese allesamt viel einfacher berechnen als die Wahrscheinlichkeit, dass es sich bei bestimmten Wörtern im Text um eine Spammail handelt, denn das lernt er, wenn man Spammails aktiv in den Spamordner wirft. Wie oft bekommt man Spam? Dazu muss der E-Mail-Provider nur die Zahl der Mails im Spamordner durch die Gesamtzahl der Mails teilen. Wie oft bekommt man Mails, in denen sich die Wörter «nigerianischer Prinz» finden? Auch das kann der E-Mail-Provider leicht errechnen, indem er alle Mails mit «nigerianischer Prinz» zusammenzählt und durch die Gesamtzahl der Mails teilt. Schließlich gibt es noch die Wahrscheinlichkeit der Wörter «nigerianischer Prinz» in Spam-Mails, aber auch das ist eine einfache Rechnung: Teile die Anzahl der Mails im Spam-Ordner, in denen «nigerianischer Prinz» vorkommt, durch die gesamte Anzahl der Spammails. Jede einzelne dieser Berechnungen ist also simpel, und zusammen führen sie letztlich zu einer Prognose, ob eine Mail, die die Wörter «nigerianischer Prinz» enthält, eine Spammail ist oder nicht. Solange die Wörter vor allem in Spammails vorkommen und man nicht wirklich mit einem Prinzen in Nigeria Mails austauscht, kann man das Ergebnis schon vorhersagen: in den Spamfolder damit!

Auf diese Weise verwenden wir Bayes' Formel ziemlich oft, denn sie löst Bernoullis Problem auf elegante Weise. Bayes konnte mit Wahrscheinlichkeiten rechnen, ohne an eine bestimmte Einschätzung gebunden zu sein. Natürlich ist die Formel noch nicht perfekt, da man nicht weiß, ob die Wahrscheinlichkeiten, mit denen man auf der rechten Seite rechnet, richtig sind. Aber diese Wahrscheinlichkeiten lassen sich oft einfacher kontrollieren, und eine gewisse Ungewissheit bleibt immer. Der wichtigste Unterschied zur Wahrscheinlichkeitsrechnung *vor* Bayes' Formel besteht darin, dass man in der Praxis auch etwas davon hat.

Zum Beispiel beim Arzt: Angenommen, Sie lassen sich bei einer Vorsorgeuntersuchung auf Krebs testen. Dann möchten Sie sicherlich wissen, was es zu bedeuten hat, wenn der Test eine Krebserkrankung anzeigt. Wie verlässlich ist er? Wie hoch ist die Wahrscheinlichkeit, dass Sie wirklich Krebs haben, wenn das Testergebnis positiv ist? Das lässt sich mit Hilfe einer Reihe anderer Wahrscheinlichkeitswerte, die in die Formel von Bayes eingesetzt werden, berechnen. Dazu brauchen wir wieder drei Wahrscheinlichkeiten. Zunächst die Anzahl der Menschen, die an Krebs leiden. Angenommen, das sind 20 von 1000. In 90 Prozent dieser Fälle, also bei 18 Menschen, sagt der Test «ja». Das ist die zweite Wahrscheinlichkeit, die man braucht: die Wahrscheinlichkeit, dass der Test Krebs bei Menschen aufspürt, die tatsächlich daran erkrankt sind. Dann braucht man noch eine dritte Wahrscheinlichkeit: Die Wahrscheinlichkeit, dass der Test «ja» sagt, wenn man keinen Krebs hat. Angenommen, dieser Wert liegt bei 8 Prozent, d. h., bei 80 von 1000 Menschen, die nicht an Krebs leiden, sagt der Test dennoch, dass sie Krebs haben.

$$\text{Wahrscheinlichkeit einer Krebserkrankung, wenn der Test positiv ist} = \frac{\text{Krebswahrscheinlichkeit} \times \text{Wahrscheinlichkeit, dass der Test Krebs aufspürt}}{\text{Wahrscheinlichkeit, dass der Test positiv ist}}$$

Trägt man diese Zahlen in Bayes' Formel ein, dann zeigt sich, dass der Test bei 98 Menschen besagt, sie hätten Krebs. Diese Zahl ist viel höher als die Zahl der Menschen mit einem positiven Test, die auch tatsächlich krank sind: das sind nur 18. Dank Bayes' Formel können Sie sehen, dass die Wahrscheinlichkeit, tatsächlich an Krebs erkrankt zu sein, nachdem das Testergebnis eine Krebserkrankung anzeigt, nur 18 Prozent beträgt. Das ist viel weniger, als man bei einem Test vermuten würde, der in 90 Prozent der Fälle richtigliegt, wenn man wirklich krank ist. Nur gut, dass uns dieses schöne Kunststück der Mathematik zur Verfügung steht, denn so können wir dahinterkommen, was uns ein solcher Test eigentlich erzählt.

Die Statistik, die angewandte Version der Wahrscheinlichkeits-rechnung, entstand etwas später aufgrund eines praktischen Problems, das nach einer Lösung verlangte. Tobias Mayer, ein Astronom, präsentierte sie 1750. Auch hier handelte es sich nicht um eine abstrakte Theorie, sondern um ein Gebiet der Mathematik, das unmittelbar aus der Praxis hervorging.

Zu Mayers Zeit gab es ein großes Problem: Alle europäi-schen Großmächte besaßen Kolonien, und Schiffe befuhren alle Weltmeere. Doch man wusste nicht, wie man berechnen sollte, wo sich ein Schiff auf See gerade befand. Schiffe, die sich verirrten, kosteten Unsummen. Daher lobten die Briten große Geldbeträge für die Berechnung der Längen- und Brei-tengrade aus. Den Breitengrad konnte man ab 1730 mit Hilfe eines Sextanten berechnen, doch die Berechnung des Längen-grades bereitete Schwierigkeiten. Daher sponserte der Staat die Erforschung zur Berechnung des Längengrades. Zwischen 1714 und 1814 wurden £ 100 000 – heutzutage wären das Millionen Britische Pfund – an Preisgeldern für die Berech-nung des Längengrades ausgelobt.

Worin bestand Mayers Entdeckung? Mit Hilfe seiner Mond-tafeln ließ sich die Position des Mondes bestimmen, und wenn man das weiß, kann man die Uhrzeit berechnen und über die Zeitzonen auch den Längengrad ermitteln: Je weiter östlich man sich befindet, desto mehr ist man der Zeit in London voraus. In Amsterdam ist es später als in London, in New York hingegen ist es früher. Wenn man berechnen kann, wie spät es ist, kann man auch berechnen, wie weit man nach Osten oder Westen gefahren ist. In Anerkennung seiner Verdienste um die Lösung des Längenproblems erhielt die Witwe des in-zwischen verstorbenen Mayer von der britischen Regierung eine Prämie von 3000 Pfund.

Mayers Vorhersage der Mondposition beruhte auf mehr als den üblichen drei Messungen. Mayer maß gleich 27-mal; das war für seine Zeit ungewöhnlich viel, nach unseren heutigen Standards aber sehr wenig, wir sind an große Datenmengen gewöhnt. Doch *vor* Mayer wusste man einfach nicht, wie man mit zusätzlichen Daten umgehen sollte. Um die Position des Mondes vorherzusagen, musste man drei Unbekannte ermitteln. Das bedeutete, man musste drei Messungen vornehmen; nicht mehr und nicht weniger. So dachte auch Leonhard Euler, einer der begabtesten Mathematiker aller Zeiten.

Um sich leichter vor Augen zu führen, was daran so schwierig ist, ist es vielleicht besser, das Zeichnen einer Linie in den Blick zu nehmen. Bei diesem Vorgang gibt es zwei Unbekannte: Man kennt nicht die Steigung der Linie und weiß auch nicht, auf welcher Höhe sie beginnt. Daher kann man mit einer einzigen Messung keine Linie ziehen. Wenn man in der Grafik nur einen Punkt hat, weiß man zwar, auf welcher Höhe sie beginnt, aber nicht, welche Steigung sie haben soll. Schauen Sie sich den linken Teil der Abbildung aus Seite 147 an. Mit zwei Punkten ist das dagegen erheblich leichter. Dann zieht man einfach eine Linie durch beide Punkte hindurch. Das sehen Sie in der mittleren Abbildung.

Was aber tut man nun, wenn man mehr als zwei Punkte hat? In der rechten Abbildung gibt es drei davon. Wie soll die Linie nun verlaufen? Man kann sie nicht einfach durch zwei Punkte ziehen; denn dann würde man die dritte Messung überhaupt nicht beachten. Muss sie dann irgendwo zwischen den Punkten verlaufen? Aber wo genau? Welche Steigung muss sie haben? Und sollte sie etwas oberhalb des unteren Punkts beginnen? Wie man sieht, ist es nicht so einfach, die beste Linie zu zeichnen, wenn man mehr als zwei Punkte hat. Darum kam Euler damit auch nicht zurecht und weigerte sich, mehr als die notwendige Zahl von Messungen zu verwenden.

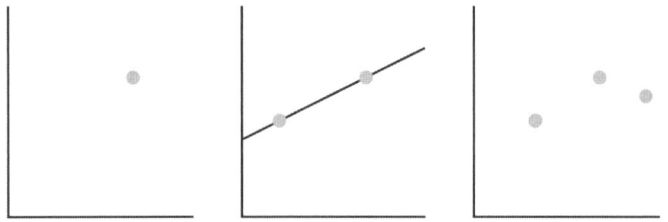

Versuche, eine Linie durch ein, zwei oder drei Punkte zu zeichnen.

Mayer gelang das jedoch. Sein Trick war eigentlich sehr einfach: Man hat 27 Messungen und drei Unbekannte, also teilt man diese Messungen in drei Gruppen von jeweils neun auf. Danach berechnet man den Mittelwert der neun Messungen und kommt so wieder auf drei (gemittelte) Messpunkte. Das funktionierte; Mayers Vorhersagen waren beträchtlich genauer als die seiner Zeitgenossen.

Wie erklärt sich das? Euler hielt das Vorgehen für vollkommen unsinnig. Sicher, es wurden mehr Messungen verwendet, aber damit konnten sich auch die Fehler summieren. Lag jede Messung um 2 Punkte zu hoch, wurde dieser Höhenfehler mit mehr Messungen nur noch größer. Daher hielt es Euler für besser, möglichst wenig Daten zu nutzen. Wir wissen heute, dass das nicht stimmt. Aber warum nicht? Erinnern wir uns kurz an den Hügel der Normalverteilungskurve. Überall auf diesem Hügel können Fehler liegen, sowohl auf der linken als auch auf der rechten Seite. Euler dachte, dass man mit der Addition der Messungen immer weiter nach unten rutschen würde. Da die Fehler zu beiden Seiten liegen, heben sie sich jedoch gegenseitig auf. Der eine Fehler geht nach rechts, der andere nach links. Addiert man die positiven und negativen Fehler, kommt man in der Mitte heraus. Da Fehler in Messungen willkürlich sind, ist es sinnvoll, möglichst viele Messungen zu verwenden.

Mayers praktisches Werk erschien gleichzeitig mit zahlreichen theoretischen Werken über Wahrscheinlichkeit. Daran waren Gelehrte wie Carl Friedrich Gauß, Pierre Simon Laplace und Adrien-Marie Legendre beteiligt, was wieder einmal für Streit darüber sorgte, wer etwas früher als die anderen entdeckt hatte. Gauß ließ sogar seine Freunde bezeugen, dass sie ihn über seine Entdeckung hatten sprechen hören, bevor andere auch nur eine Zeile darüber publiziert hatten.

Wer der Erste war, spielt aber keine so große Rolle, von Bedeutung ist, dass sie ihre Entdeckung allesamt für wichtig hielten. Das war auch kein Wunder, denn noch vor Laplace' Tod im Jahre 1827 waren schon Dutzende von Büchern veröffentlicht worden, die auf ihrer Arbeit aufbauten. Die Naturwissenschaften nutzten die neue Mathematik sofort, und auch in anderen Bereichen fand sie immer mehr Anwendung. Anderthalb Jahrhunderte nach Pascal und Fermat war der Durchbruch geschafft.

Der Grund dafür war eine Verbesserung von Mayers Methode. Eigentlich handelt es sich um nicht mehr als einen Trick, mit dem das Problem umschifft wurde. Statt die Berechnung anzupassen, nahm Mayer den Mittelwert der drei Gruppen und arbeitete damit. Gauß und Laplace lösten das Problem sauberer. Sie fanden einen Test, mit dem man erkennen konnte, welche Linie man zeichnen musste, wenn es mehr als zwei Punkte gab. Angenommen, Sie haben verschiedene Messungen wie in der folgenden Abbildung. Dann muss man nach Gauß und Laplace als beste Annäherung die gepunktete Linie wählen.

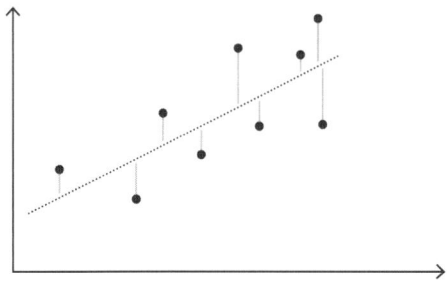

Die Methode der kleinsten Abweichungsquadratsumme von Gauß
und Laplace zur Ermittlung der besten Schätzung.

Das Besondere an der gepunkteten Linie ist, dass sich dabei
die Messfehler so gering wie möglich auswirken. Anders gesagt, die Linie passt optimal zu den Ergebnissen. Die Messfehler, die man hier als vertikale Linien zwischen den Punkten
und der gepunkteten Linie der Vorhersage sieht, sind mini-
mal. Da es sowohl positive (nach oben abweichende) als auch
negative (nach unten abweichende) Fehler gibt, nimmt man
schnell noch das Quadrat, dann braucht man sich über
Minuszeichen keine Gedanken mehr zu machen. Und das ist
es dann auch schon. Indem man, Simpson folgend, auf Fehler
achtet, kann man eine Vielzahl von Messungen noch besser
nutzen als Mayer. Dadurch verbessern sich auch die Voraussagen: Hat man neunmal so viele Messungen, so wie Mayer,
dann ist die Voraussage dreimal besser. Sehr schnell geht es
also nicht, aber es macht einen Unterschied; einen Unterschied, der immerhin genügte, um eine halbe Million Pfund
zu gewinnen (wenn auch posthum).

Außerdem weiß man nun auch, wie gut eine Schätzung
ist. Man weiß nämlich, worin die Fehler der Messungen bestehen. Mit einer Menge sehr kleiner Fehler wird die Messung wesentlich sicherer als mit einigen wenigen großen

Fehlern. Das war wirklich neu, zum Beispiel im Vergleich mit den Berechnungen, die man im alten Mesopotamien vornahm. Dort arbeitete man auch mit Schätzungen, etwa für die Getreidemenge, die eine Ackerfläche abwarf: eine feststehende Zahl pro Quadratmeter. Aber in der Praxis stimmte das natürlich nicht, denn nicht jeder Acker ist gleich fruchtbar, es fällt nicht überall die gleiche Regenmenge, und nicht jeder Bauer sorgt für sein Getreide gleich gut. Das wussten die Mesopotamier natürlich auch, nur konnten sie nicht so viel damit anfangen. Die beste Schätzung zu errechnen oder sogar zu wissen, wie gut ihre Schätzung war, das ging über ihren Horizont. Dazu fehlte es ihnen an mathematischen Möglichkeiten. Wir können diese Daten erst verwenden, seit Gauß und Laplace erkannten, wie man daraus eine optimale Schätzung gewinnt.

Was John Snow schon wusste

Es sollten noch einmal hundert Jahre vergehen, bis man wirklich überall auf Statistik traf, etwa bei der Erforschung von Krankheitsursachen. Um 1850 war die Cholera ein großes Problem, vor allem weil man nicht wusste, wie sich die Krankheit verbreitete: Daher brachen regelmäßig Epidemien aus. Viele glaubten, dass man durch das Einatmen verseuchter Luft oder übler Gerüche an Cholera erkranke. Noch abwegiger war die Vorstellung, dass eine trübselige Stimmung das Cholerarisiko erhöhen würde. Die Einwohner von New York wurden in den Jahren 1832 und 1844 aus diesem Grund noch dazu aufgerufen, gefasst und heiter zu bleiben, um nicht der Cholera zu erliegen. Zum Glück gab es andere, die auf die richtige Idee kamen: Cholera verbreitete sich durch das Wasser, ob die Leute nun guter Laune waren oder nicht. Zu den

Ursachen gab es allerdings kaum systematische Studien. Die ganze Diskussion über Cholera war theoretisch.

Eines Tages jedoch begann sich der britische Arzt John Snow mit der Krankheit zu beschäftigen. In dieser Zeit hatte es kurz nacheinander mehrere Choleraepidemien gegeben. 1848 führte Snow erste Studien durch und konnte schon bald einen Schuldigen ausmachen: einen Matrosen namens John Harold; er war der Erste, der erkrankt war. Das erklärte allerdings noch nicht, warum der spätere Bewohner von Harolds Zimmer auch erkrankte. Dazu waren weitere Nachforschungen nötig.

Zum Glück – für Snow – brach wenige Jahre darauf eine weitere große Choleraepidemie aus. Dieses Mal war der Arzt besser vorbereitet. Er registrierte auf einer detaillierten Karte alle Orte, an denen ein Patient der Krankheit erlag. Diese Karte sehen Sie hier, versehen mit schwarzen Markierungen für jeden gestorbenen Cholerapatienten.

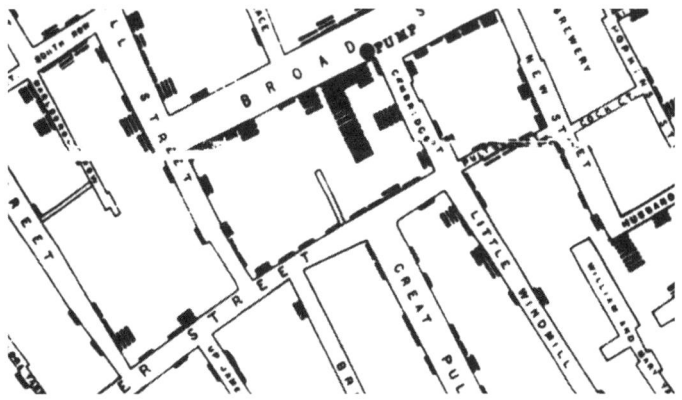

Todesopfer der Choleraepidemie im Umfeld der Broad Street
(gekennzeichnet durch schwarze Markierungen).

Alle steckten sich im selben Teil Londons an, im Umfeld der Broad Street. Die Wasserpumpe in der Broad Street war mit Cholera verseucht. Jeder, der dort Wasser holte, wurde krank.

Nur in der Nachbarschaft der Brauerei und des Armenhauses erkrankte niemand, da beide über eigene Pumpen verfügten.

Der überraschendste anekdotische Beleg für die Verbreitung der Cholera über Wasser war der Fall einer alten Frau aus einem ganz anderen Stadtteil. Sie erkrankte an Cholera, weil sie sich jeden Tag Wasser von der Pumpe in der Broad Street bringen ließ – sie hatte früher dort gewohnt und fand das dortige Wasser besser als das aus ihrer jetzigen Gegend. Eine wirklich wissenschaftliche Studie muss natürlich noch gründlicher sein, und eine solche wurde einige Jahre darauf beim Ausbruch einer noch größeren Epidemie unternommen.

Snows Studie aus diesem Jahr stellte sogar, ohne dass ihm das bewusst war, einen der ersten Doppelblindversuche in der Geschichte dar. 1855 starben Tausende von Menschen an Cholera. Snow hatte erkannt, dass – falls es am Wasser lag – ein Zusammenhang zwischen den Wasserunternehmen und dem Risiko, an Cholera zu sterben, bestehen könnte. Er nahm daher die beiden großen Wasserwerke in London ins Visier: Southwark & Vauxhall und Lambeth. Das erstere Unternehmen bezog sein Wasser aus einem schmutzigeren Bereich der Themse als das zweite. Daher war zu erwarten, dass die Menschen, die ihr Wasser von Southwark & Vauxhall erhielten, einem größeren Risiko ausgesetzt waren, an Cholera zu sterben.

Das erwies sich als zutreffend. Southwark & Vauxhall belieferte 40 000 Haushalte mit Wasser. Damit brachte das Unternehmen 1263 Menschen den Tod. Snow rechnete diese Zahl auf die Zahl der Toten pro 10 000 Haushalte um: 315. Wie schnitt Lambeth im Vergleich ab? Sie lieferten viel reineres Wasser, pro 10 000 Haushalte starben «nur» 37 Menschen. Außerdem gab es noch ein kleines Unternehmen, namens Chelsea, welches das gleiche verseuchte Wasser wie Southwark & Vauxhall vertrieb. Doch Chelsea reinigte das Wasser sorgfältig, so dass nur wenige seiner Kunden an Cholera erkrankten.

Snow war von seiner Theorie überzeugt. All seine Studien wiesen darauf hin, dass Cholera sich durch verunreinigtes Wasser verbreitete. Das erwies sich als richtig, kurze Zeit darauf wurden die Cholerabakterien entdeckt. Doch Snow konnte nicht nachweisen, wie hoch die Wahrscheinlichkeit war, dass er recht hatte. Er konnte nicht beweisen, dass es einen sehr engen Zusammenhang zwischen der Zahl der Toten und den Wasserunternehmen gab. Bei Weitem nicht alle seine Zeitgenossen waren davon überzeugt, dass seine Experimente das verseuchte Wasser als Ursache belegten. Selbst 1892 gab es noch Ärzte, die glaubten, Cholera würde sich über den Boden verbreiten. Mit ein wenig Mathematik hätte Snow zeigen können, wie wahrscheinlich es war, dass er recht hatte. Dass es diese Mathematik nicht gab, kostete buchstäblich Leben.

Nicolas Cage und Schwimmbäder

Was fehlte ihm? Wie hätte John Snow berechnen können, wie eng der Zusammenhang zwischen dem Wasserunternehmen und der Zahl der Toten war? Eine Idee dazu ist uns schon begegnet: Ähnlich wie beim Higgs-Teilchen kann man sich auch hier ansehen, wie hoch die Wahrscheinlichkeit ist, dass sich bei der Zahl der Toten ein derartiger Unterschied beobachten lässt, *ohne* dass sich Cholera über das verunreinigte Wasser ausbreitet. Zwischen 315 Toten und 37 Toten pro 10 000 Haushalten klafft eine große Lücke. Kann das Zufall sein? Um das zu prüfen, verwendet man wieder die hügelförmige Kurve der Normalverteilung: Wo würde man landen, wenn man davon ausgeht, dass Cholera von irgendetwas anderem hervorgerufen würde? Genau, irgendwo am unteren Rand. Wenn die Wahrscheinlichkeit, dass es Zufall ist, *verschwindend* gering ist, ist es sinnvoller anzunehmen, dass die unterschiedliche Wasserqualität für die unterschiedliche Zahl der Toten verantwortlich ist.

Es gibt noch eine zweite Möglichkeit. Angenommen, man hätte mehrere Experimente durchgeführt. Es hätte eine Reihe von Epidemien gegeben, bei denen die Zahl der Menschen, denen das verunreinigte Wasser geliefert wurde, nicht gleich geblieben wäre. Die Leute hätten etwa in der Zeitung gelesen, dass Southwark & Vauxhall gefährliches Wasser verkaufe, und wären in Massen dazu übergegangen, Wasser von Lambeth zu kaufen. Dann könnte man auch sehen, ob der Wechsel zum Wasser von Lambeth für eine Veränderung bei der Zahl der Cholerakranken sorgte. Mehr Menschen, die sicheres Wasser trinken, würden doch auch weniger Tote bedeuten, oder etwa nicht? Auch damit kann man rechnen.

Einen solchen Zusammenhang – in diesem Fall zwischen der Anzahl der Menschen, die verunreinigtes Wasser trinken, und der Zahl der Cholerakranken – nennt man eine «Korrelation». Wissenschaftler weisen gerne darauf hin, dass «Korrelation noch nicht mit Kausalität gleichzusetzen ist»: Ein deutlicher Zusammenhang zwischen Daten bedeutet nicht automatisch, dass das eine das andere verursacht. Es ist also nicht gesagt, dass sich Cholera über verunreinigtes Wasser ausbreitet. Warum nicht? Weil man mit ein wenig Suchen auch andere Zusammenhänge finden kann. Wie etwa den Zusammenhang zwischen der Zahl der Filme, in denen Nicolas Cage mitspielt, und der Zahl der Menschen, die ertrinken, weil sie in einem Schwimmbad ins Wasserbecken fallen.

Schauen Sie sich einmal die folgende Grafik an. Jahrelang entwickelt sich die Zahl der Ertrunkenen erstaunlich parallel

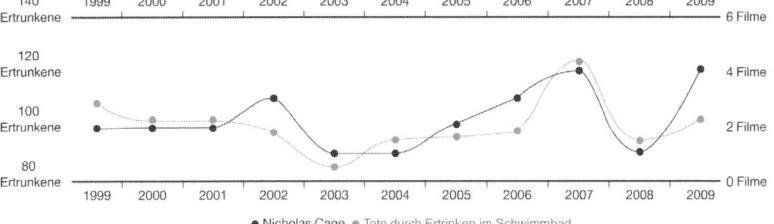

Die Anzahl der Filme mit Nicolas Cage, verglichen mit der Anzahl
von Menschen, die ertrinken, nachdem sie im Schwimmbad
ins Wasserbecken gefallen sind.

zur Zahl der Filme, in denen Nicolas Cage mitspielte. Sorgt
Cage dafür, dass Menschen im Schwimmbad ins Wasserbecken
fallen? Gibt es einen kausalen Zusammenhang? Natürlich
nicht. Aber es besteht dennoch eine Korrelation zwischen
diesen beiden Ereignissen. Deshalb möchte man berechnen
können, wie verlässlich ein solcher Zusammenhang ist.

Seit 1900 können wir das. Für Zusammenhänge wie den
zwischen Filmen mit Nicolas Cage und den Todesfällen durch
Ertrinken kann man errechnen, wie gut sie zueinanderpas-
sen, und zwar mit einem Korrelationskoeffizienten: einer Zahl
zwischen –1 und +1, die angibt, wie stark der Zusammenhang
ist. Ein Koeffizient von –1 bedeutet, sobald Nicolas Cage in
einem weiteren Film mitspielt, ertrinken weniger Menschen
im Schwimmbad. Die beiden Linien in der Graphik verlaufen
genau spiegelbildlich zueinander. Bei einem Koeffizienten von
+1 verhält es sich umgekehrt: Je mehr Filme Nicolas Cage
dreht, desto mehr Menschen ertrinken. Die Zahl der Todesfälle durch Ertrinken nimmt nicht zu, ohne dass sich die Zahl
der Filme mit Cage erhöht. Kurzum: die beiden Linien passen
genau zueinander. Und bei 0? Dann haben die beiden Ereig-
nisse überhaupt nichts miteinander zu tun.

Selbst mit einem Korrelationskoeffizienten lassen sich nicht alle unsinnigen Zusammenhänge ausräumen. Der Koeffizient für die Grafik der Todesfälle durch Ertrinken beträgt immerhin noch 0,666: Die beiden Linien sind sich sehr ähnlich. Das ist allerdings auch zu erwarten, denn beide ändern sich nicht so wahnsinnig stark. Nicolas Cage kann nicht plötzlich zwanzig Filme drehen, und glücklicherweise ist ein Tod durch Ertrinken in einem Schwimmbad fast immer ein Unglücksfall; ein solches Pech haben nicht plötzlich zehnmal so viele Menschen im Jahr. Wenn man lange genug sucht, findet man natürlich immer etwas, das sich ebenfalls wenig verändert.

Deshalb muss man bei Korrelationen auf der Hut sein. In unserem Fall kann man sich wohl denken, dass Nicolas Cage nicht wirklich für die Menschen, die im Schwimmbad ertrinken, verantwortlich ist. Doch das ist längst nicht immer so eindeutig. Laut einem Artikel im *Wall Street Journal* verursacht mehr Sicherheit Adipositas, Fettleibigkeit. Es besteht nämlich eine Korrelation zwischen der Sicherheit von Spielplätzen und der Zahl der Kinder mit Adipositas. Sollen wir Kinder nun zu gefährlicheren Spielplätzen schicken? Macht Sicherheit Kinder wirklich dick? Bestimmt nicht, aber irgendjemandem ist aufgefallen, dass die Spielplätze immer sicherer werden und die Kinder immer dicker. Tada! Schon haben wir eine Korrelation! Eine, die es sogar bis in die Nachrichten schafft. Statistik kann ganz schön irreführend sein.

Stimmt das nun wirklich?
Verzerre die Welt mit Statistik!

Mit Hilfe von Zahlen ein verzerrtes Bild der Welt zu zeichnen ist ziemlich einfach. Das wird getan, seit es Statistik gibt. *Wie lügt man mit Statistik*, ein Buch aus dem Jahr 1954, beschreibt, wie Statistiken missbräuchlich verwendet werden. In ihm finden sich verrückte Korrelationen und darüber hinaus noch wesentlich mehr Möglichkeiten, wie uns Zahlen irreführen können.

Ein Beispiel aus jüngster Zeit: Jeff Sessions, von Februar 2017 bis November 2018 US-amerikanischer Justizminister, hielt Mitte 2017 eine Rede über Sicherheit mit folgendem Tenor: Die Sicherheit habe beträchtlich abgenommen, in den USA werde es immer gefährlicher. Es sei höchste Zeit, allen, die ins Land kommen, mit Misstrauen zu begegnen. Auch die Immigranten, die schon da sind, sollte man gut im Auge behalten. Die Zahl der Morde sei seit dem letzten Jahr nämlich um gut 10 Prozent angestiegen. Eine derart hohe Steigerungsrate sei seit 1968 nicht mehr beobachtet worden.

Klingt überzeugend, nicht wahr? Doch trotz dieser Zahlen ist die USA heute viel sicherer als zuvor. Die Steigerungsrate ist nur deshalb so hoch, weil die Gesamtzahl der Morde insgesamt sehr gering ist. Schauen wir uns das genauer an: 10 Prozent können bedeuten, dass es einen zusätzlichen zu den 10 im Vorjahr begangenen Morden gab, es kann genauso bedeuten, dass die Zahl der Morde um 1000 (gegenüber 10 000 im Jahr zuvor) angestiegen ist. In den Vereinigten Staaten hatte sich die Zahl der Morddelikte so sehr verringert, dass ein kleiner Anstieg, den Minister Sessions in Prozenten formulierte, gleich sehr groß wirkte.

Hinter Sessions' 10 Prozent verbarg sich noch etwas anderes. Rund die Hälfte des Anstiegs war darauf zurückzuführen, dass in Chicago viel mehr Menschen ermordet worden waren. Dort stand der Zähler bei 781. Neben Chicago waren noch einige wenige Orte tatsächlich unsicherer geworden, aber die USA insgesamt waren sicherer als je zuvor. Die Zahl war also richtig – der Minister hatte nicht gelogen –, aber seine Implikationen waren falsch. Eine schlau gewählte Zahl kann ein vollkommen verzerrtes Bild der Wirklichkeit vermitteln.

Das kann auf unterschiedlichste Weise geschehen. Fragen Sie sich auch manchmal, ob wir es heute besser haben als früher? Dann möchten Sie möglicherweise wissen, ob wir heute mehr Geld zur Verfügung haben? In den USA gibt es dazu Statistiken – zwei sogar. Laut der ersten Statistik, der offiziellen, lautet die Antwort «nein»: Seit 1979 ist das durchschnittliche Einkommen kaum gestiegen. Es ist sogar über einen längeren Zeitraum zurückgegangen. Früher war es also vielleicht nicht besser, aber sicher nicht schlechter. Diese Zahlen stammen von der US-Zensusbehörde, sind also hochoffiziell.

Die anderen Zahlen stammen aus einem Thinktank, nicht von der Regierung. Laut dem Thinktank haben die Bürger heute anderthalbmal so viel zur Verfügung wie 1979. Danach hat sich die Lage wesentlich verbessert! Noch nie zuvor verfügten die Bürger über so viel Geld, und im gesamten Zeitraum war fast ständig ein Anstieg zu verzeichnen. Thinktank und Regierung kommen zu ganz unterschiedlichen Darstellungen: Wer hat nun recht?

Wahrscheinlich der Thinktank. Die Regierungsbehörde hat nämlich etwas ganz Simples außer Acht gelassen: Sie verwendet Zahlen für das Durchschnittseinkommen pro Haushalt und teilt es durch die Zahl der Menschen, aus denen ein solcher Haushalt besteht. Das Durchschnittseinkommen von 2014 wird dabei durch die gleiche Zahl der Menschen geteilt wie das Einkommen vor 1979. Aber die Haushalte haben sich im Laufe der Zeit verkleinert; es gibt mehr Menschen, die alleine leben oder keine Kinder haben, und in den Haushalten mit Kindern leben oft weniger Kinder. Also muss das Einkommen auch durch eine geringere Anzahl von Menschen geteilt werden. Logisch, dass sich die Lage nicht verbessert, wenn man das Einkommen eines Einzelnen auf eine – im Verhältnis zur realen Haushaltsgröße – immer größere Zahl von Menschen verteilt.

Manchmal ist es auch einfach schwierig, eine Zahl richtig zu interpretieren. Denken Sie nur an das Lohngefälle zwischen Männern und Frauen. In reichen Ländern verdienen Frauen im Durchschnitt nur 85 Prozent des Gehaltes, das Männer bekommen. Das klingt eindeutig und außerdem erschreckend. Natürlich ist das ein Problem, aber vielleicht liegt das Problem ganz woanders, als eine einzelne Zahl vermuten lässt. Es verhält sich nämlich nicht so, dass Unternehmen einer Frau in einer bestimmten Funktion im Vergleich zu einem Mann in der gleichen Funktion wesentlich weniger bezahlen würden. In denselben reichen Ländern erhält eine Frau 98 Prozent des Gehalts eines Mannes, der im selben Unternehmen die gleiche Arbeit leistet. Dass es einen Unterschied gibt, ist immer noch schlecht, aber dieser fällt plötzlich doch wesentlich geringer aus. Das Lohngefälle beruht daher auch nicht wirklich auf einem Unterschied in der Entlohnung für die gleiche Arbeit. Es handelt sich hier um den Durchschnittswert der Gehälter aller Männer, gemessen am durchschnittlichen Gehalt aller Frauen. Frauen werden geringer bezahlt, weil sie weniger Spitzenjobs haben. In den Vorständen großer Unternehmen sitzen beispielsweise weniger Frauen, und außerdem gibt es Berufe, etwa im Pflegesektor, die vorwiegend von Frauen ausgeübt werden. Diese Berufe werden im Allgemeinen auch schlechter bezahlt als typische Männerberufe wie der des Polizisten. Probleme gibt es also durchaus. Der entscheidende Punkt ist jedoch, es sind andere Probleme, als man vermuten würde, wenn man nur das allgemeine Gehaltsgefälle betrachtet. Frauen sollten stärker in Spitzenpositionen vertreten sein, zum Beispiel durch bessere Regelungen in Bezug auf mögliche Schwangerschaften. Und Arbeiten, die vornehmlich von Frauen ausgeführt werden, müssten besser entlohnt werden. Doch dass Frauen wesentlich weniger Lohn für dieselbe Arbeit erhalten, ist glücklicherweise nicht so oft der Fall.

Statistiken können das Bild der Welt so verzerren, weil die Zahlen, mit denen sie arbeiten, oft Durchschnittswerte sind. Die Steigerung des Einkommens entspricht einem Durchschnittswert: Man teilt durch die Anzahl der Haushalte und durch die Zahl der Mitglieder eines Haushalts. Auch das Gehaltsgefälle zwischen Männern und Frauen ist ein Durchschnittswert. Und bei Durchschnittswerten lässt sich nicht immer gut erkennen, was sich dahinter verbirgt. Es ist nicht unmittelbar deutlich, dass das Lohngefälle deshalb besteht, weil Männer andere Jobs haben als Frauen, denn Statistiken lassen viele Aspekte außer Acht. Schauen Sie sich die vier Grafiken auf der nächsten Seite an. Die Messwerte befinden sich an ganz unterschiedlichen Stellen und doch laufen die zumeist verwendeten statistischen Berechnungen auf das Gleiche hinaus. Nach der Methode von Gauß und Laplace führen sie alle zu derselben Linie als bester Prognose.

Deshalb muss man beim Lesen von Statistiken vorsichtig sein. Es ist fast immer möglich, etwas zu finden, was unser eigenes Weltbild bestätigt. Glauben Sie, früher war die Situation besser als heute? Dann möchten Sie sicherlich nicht glauben, dass wir heute anderthalbmal so viel verdienen; was für ein Glück, dass es offizielle Zahlen gibt, die Ihnen recht geben? Vielleicht denken Sie auch, dass Immigranten das Land unsicher machen? Dann ist ein Anstieg von 10 Prozent bei der Mordziffer Wasser auf Ihre Mühlen. Umgekehrt funktioniert das natürlich genauso. Jemand, der nichts von einem Lohngefälle hören will, kann auf das Faktum pochen, dass Frauen für die gleiche Arbeit beim selben Arbeitgeber nahezu gleich entlohnt werden. Natürlich stimmt das, aber das ist noch lange kein Grund, nichts an den Ungleichheiten zu ändern, die tatsächlich existieren.

Von diesen Risiken abgesehen, sind Durchschnittswerte durchaus nützlich. Sie ermöglichen es uns, komplexe Situa-

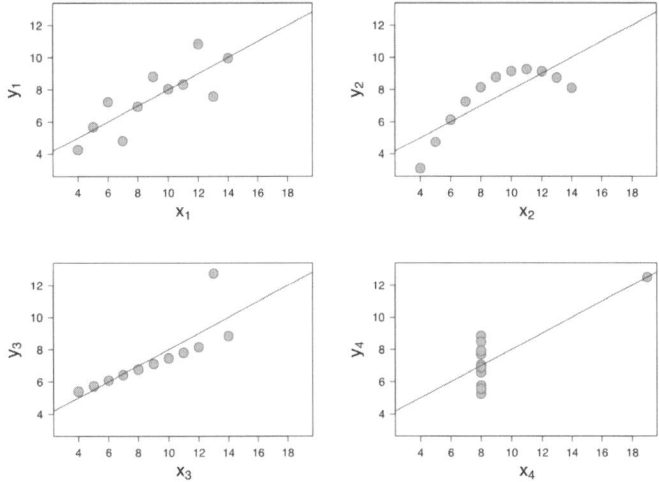

Vier vollkommen verschiedene Messungen mit derselben Schätzung.

tionen schnell zu überblicken. Wie sollte man sich sonst einen Überblick über die Entlohnung von Männern und Frauen in reichen Ländern verschaffen können? Alle Gehälter einzeln miteinander zu vergleichen wäre viel zu mühsam. Um über diese Datenflut Übersicht zu gewinnen, brauchen wir Durchschnittswerte, und wir brauchen eine Methode, um Schätzungen vornehmen zu können. Diese Schätzungen, ob wir sie nun nutzen, um mit GPS unseren Standort zu bestimmen oder um die Kamera schärfer einzustellen, werden besser und nutzbringender, wenn wir dafür die Mathematik verwenden, die man auch für Umfragen einsetzt, um die es zu Anfang dieses Kapitels ging.

Was tun, wenn man nicht jeden befragen will?

Wahlumfragen gibt es schon seit geraumer Zeit. Wir verfügen nun seit etwas mehr als einem Jahrhundert über die mathematischen Möglichkeiten vorherzusagen, was die gesamte Bevölkerung tun wird, ohne dazu jeden Einzelnen befragen zu müssen. Eigentlich ist die Idee ziemlich einfach. Angenommen, man möchte wissen, wie hoch der Prozentsatz der Leute ist, die mit der Arbeit von Trump zufrieden sind. Das könnten beispielsweise 40 Prozent der Gesamtbevölkerung sein. Um das herauszufinden, befragt man nicht jeden, was er oder sie von Trump hält, das wäre viel zu aufwendig. Die Idee hinter den Umfragen besteht darin, dass es ausreicht, eine kleinere Gruppe zu befragen, solange die Zusammenstellung dieser Gruppe auf einer zufälligen Auswahl beruht. Wenn die Chance, zu dieser kleineren Gruppe zu gehören, für alle gleich ist, dann besteht eine 40-prozentige Wahrscheinlichkeit, dass sich jemand darin findet, der der Meinung ist, Trump mache seine Sache gut. Die kleinere Gruppe ist dann ein Spiegelbild des ganzen Landes.

Der Mathematik geht es in diesem Fall vor allem um die genaue Berechnung der Umfrageergebnisse. Wie groß ist die Wahrscheinlichkeit, dass man danebenliegt? Man kann nämlich auch das Pech haben, dass man die Teilnehmer an einer Umfrage zwar zufällig auswählt, aber trotzdem eine Gruppe erhält, in der sich ausschließlich Trump-Fans befinden. Diese Wahrscheinlichkeit wird kleiner, je mehr Menschen man befragt. Anders gesagt: Die Umfrage wird genauer. Allerdings nur, wenn alles gut geht, denn Umfrageteilnehmer *wirklich* zufällig auszuwählen ist ein ziemlich schwieriges Unterfangen. Schauen wir uns nur einmal die amerikanischen Präsidentschaftswahlen von 1936 an.

Amerika befand sich damals in der Endphase der großen

Depression. Es ging um bedeutende ökonomische Entscheidungen, daher wollten alle wissen, welcher der beiden Kandidaten gewinnen würde: Franklin Roosevelt oder Alf Landon. Die Zeitschrift *Literary Digest* beschloss, eine Umfrage unter ihren 10 Millionen Abonnenten zu organisieren. 1936 waren das fast 10 Prozent der Bevölkerung, denn Amerika hatte 125 Millionen Einwohner. Von diesen 10 Millionen Abonnenten beantworteten letztlich 2 Millionen die Frage von *Digest*. Telefonisch, denn das war ja so einfach.

Kurz darauf veröffentlichte die Zeitschrift das Ergebnis dieser gigantischen Umfrage. Der Republikaner Alf Landon würde mit 57,1 Prozent der Stimmen gewinnen. Auf den Demokraten Roosevelt würden nicht mehr als 42,9 Prozent der Stimmen entfallen. Dann kamen die Wahlen. Und was geschah? Die Umfrage des *Digest* lag völlig daneben. Roosevelt gewann 1936 mit einer überwältigenden Mehrheit von 60,8 Prozent. Landon erreichte nur 36,5 Prozent. Was war schiefgegangen? Trotz der gewaltigen Zahl der Beteiligten war die Auswahl der Umfrageteilnehmer nicht wirklich willkürlich: In der Zeit der großen Depression konnten sich nur wohlhabendere Bürger ein Telefon leisten. Der *Digest* befragte mit anderen Worten genau die Wählergruppe, die vor allem für die Republikaner stimmte.

Ein derart großes Fiasko haben wir in letzter Zeit nicht erlebt. Obwohl – wie war das noch mal mit den Umfragen zur amerikanischen Präsidentschaftswahl 2016? Die vermittelten doch auch ein völlig falsches Bild. Schließlich behaupteten die Experten, Clintons Gewinnchancen lägen zwischen 70 und 99 Prozent. Es mag vielleicht seltsam klingen, aber die Wahlumfragen von 2016 gehören zu den genauesten seit 1936. Sie lagen nämlich gar nicht so sehr daneben. Wenn man die Prognosen zu Clintons Gewinnchancen mal beiseitelässt, besagten die Umfragen, dass sie 46,8 Prozent der Stimmen bekäme und Trump 43,6 Prozent. Vor allem die Differenz ist wichtig: sie macht ungefähr 3 Prozentpunkte aus (das Ergebnis von 46,8–43,6). Letztendlich erhielt Clinton 48,2 Prozent der Stimmen und Trump 46,1 Prozent. Die Differenz der Stimmenanzahl war ein wenig geringer als vorhergesagt: 48,2–46,1 = 2,1. Richtig war jedoch, dass Clinton mehr Stimmen erhielt als Trump.

Alles in allem gingen drei Dinge schief. Die Auswahl der Befragten war immer noch nicht völlig zufällig. Die Umfragen sind im Laufe der Zeit zwar wesentlich besser geworden, doch Menschen mit einem Universitätsdiplom reagieren häufiger auf Umfragen als andere. Angehörige höherer Bildungsschichten sind überrepräsentiert, und es kann gut sein, dass diese etwas häufiger für Clinton stimmten. In den Umfragen fehlt also ein Teil der Trump-Wähler. Ebenso wie 1936 bei der *Digest*-Umfrage ist es auch heute noch schwierig, ärmere und geringer gebildete Menschen in eine Umfrage einzubeziehen.

Zweitens gestalteten sich die Umfragen in den Staaten, die Trump zum Sieg verhalfen, schwierig. Die Umfragen besagten, dass Pennsylvania, Wisconsin und Florida für Clinton stimmen würden. So hatten die Bürger dort auch in der Vergangenheit gewählt. Bis zum Jahr 2016. Viele Menschen aus diesen drei Staaten hatten sich bis zur letzten Woche vor den Wahlen noch nicht entschieden, für wen sie stimmen würden. Und fast alle, die sich bis dahin noch nicht entschieden hatten, stimmten letztlich für Trump. Das hätte keine Umfrage vorhersagen können; die Wähler wussten es zum Zeitpunkt der Befragung nicht einmal selbst.

Drittens gab es auch eine Reihe Wähler, die einfach nicht angaben, dass sie für Trump stimmen würden. Ob sie das taten, weil sie sich wirklich noch nicht entschieden hatten oder sich für ihre Wahl schämten, wissen wir nicht. Tatsache ist, dass die Umfragebüros häufiger eine klare Antwort von Wählern erhielten, die für Clinton stimmten. Auch daran waren nicht die Organisatoren der Umfrage schuld. Man kann niemanden zwingen, einen Fragebogen wahrheitsgemäß auszufüllen. Der einzige wirkliche Fehler bei der Umfrage lag in der unzureichenden Berücksichtigung des Bildungsniveaus. Die anderen Faktoren traten erst nach der Wahl zutage. Im Wesentlichen lagen die Umfragen nur deshalb so daneben, weil man den Wechsel in Pennsylvania, Wisconsin und Florida nicht vorhergesehen hatte.

Daran wird deutlich, dass Statistiken bei Weitem nicht immer ein perfektes Abbild der Welt liefern, in der wir leben. Auch wenn die Umfragen genau sind, können sie danebenliegen. Durchschnittswerte können irreführend sein, und es gibt auch Korrelationen zwischen Phänomenen, die nichts miteinander zu tun haben. Daher ist es sinnvoll, etwas von Statistik zu verstehen; um zu durchschauen, wie ein Durchschnittswert zustande kommt, oder um zu wissen, dass eine Korrelation nichts weiter besagt, als dass zwei Kurven einander gleichen. Festzuhalten ist: Statistiken können zwar irreführend sein, sie sind aber auch sehr praktisch.

Wir haben bereits gesehen, dass Statistik zur Berechnung der Wahrscheinlichkeit einer Krebserkrankung bei einem positiven Krebstest eingesetzt wird. Und wir wissen auch, dass diese Wahrscheinlichkeit wesentlich geringer sein kann, als man vermuten würde, wenn man es nicht ausrechnet. Eine solche Berechnung ermöglicht uns einen besseren Zugriff auf Ungewissheit. Andere Zahlen, etwa Durchschnittswerte, geben uns schnell einen Überblick über eine Masse an Informationen. Sie bündeln sie für uns, liefern uns damit aber kein perfektes Abbild der Situation. Dazu haben wir auch gar nicht die Zeit. Wir können uns nicht alles an Informationen über einen Bereich, beispielsweise die Ökonomie, anlesen. Dazu sind einige Durchschnittwerte, die uns eine Vorstellung davon geben, ob es auf- oder abwärtsgeht, sehr praktisch.

Ist es denn wichtig, diesen Bereich der Mathematik zu verstehen? Derartige Berechnungen wird man, ebenso wie die zu Integralen und Differenzialen, im Alltag selten anstellen müssen. Aber in diesem Fall ist es dennoch nützlich, etwas mehr davon zu wissen. Schließlich beziehen wir unsere Informationen oft aus Umfragen und Statistiken, und diese können auf vielerlei Weise irreführend sein. Minister Sessions kann seinen Landsleuten ein falsches Bild von der Sicherheitslage in den USA vermitteln, indem er seine Zahl clever wählt. Umfragen können aufgrund der Art und Weise, in der Gruppen ausgewählt werden, versehentlich oder vorsätzlich danebenliegen. Fast jede wissenschaftliche Studie verwendet Statistik, um zu bestimmen, ob das Resultat der Experimente auf Zufall beruhen könnte.

Die Statistik hat einen großen Einfluss auf unser Leben. Was ist das Beste für unser Kind? Wie bleibe ich gesund? Welches Ergebnis können wir bei den nächsten Wahlen erwarten? Was verursacht Cholera? Aber nicht nur für die Beantwortung dieser Fragen benötigt man Statistik, sondern auch für die Klärung der folgenden Fragen: Wie entschlüsselt ein Computer, was auf einem Bild dargestellt ist? Woher weiß mein E-Mail-Provider, welche Mails Spam sind? Sobald große Datenmengen im Spiel sind, greifen wir auf Statistik zurück. Sie ist bei Weitem die beste Möglichkeit, diese Daten zu analysieren. Daher hat sie diesen großen und wachsenden Einfluss auf unser Leben. Immer wenn wir etwas über Daten lesen, steckt eine statistische Berechnung dahinter. Achten Sie einmal darauf, wie oft Ihnen in der Zeitung oder in den Nachrichten Prozentsätze und Durchschnittwerte begegnen. Wenn wir verstehen, wie sie berechnet werden und wie sich dabei

Fehler einschleichen können, können wir diese Informationen kritischer betrachten. Zahlen sind nicht dazu da, sie einfach so hinzunehmen, schließlich kommen sie irgendwoher. Ein Verständnis für Statistik versetzt uns in die Lage, sie unter die Lupe zu nehmen.

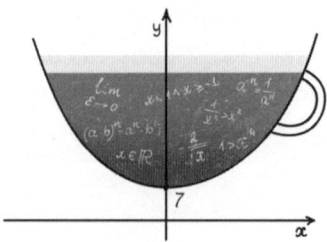

In Gedanken spazieren gehen

Zu Beginn des 18. Jahrhunderts machte ein mathematisches Problem, das sich mit der Stadt Königsberg, dem heutigen russischen Kaliningrad, verband, die Runde. Durch Königsberg fließt ein Fluss, in dem zwei große Inseln liegen, und diese Inseln sind miteinander und mit den beiden Ufern durch insgesamt sieben Brücken verbunden. Auf Seite 169 sehen Sie eine Karte der Stadt anno 1700, in der die Brücken markiert sind. Die Problemstellung lautete: Ist ein Spaziergang durch Königsberg vorstellbar, bei dem man jede Brücke genau einmal überquert?

Man könnte dieses Problem lösen, indem man sehr viele verschiedene Spazierwege ausprobiert. Damit wäre man lange beschäftigt, zumal der im vorigen Kapitel bereits erwähnte Leonhard Euler bereits im Jahr 1736 bewiesen hatte, dass es unmöglich ist, auf die geforderte Weise durch Königsberg zu spazieren. Das ist nur eines von Eulers vielen Verdiensten, er ist auch der Urheber von Begriffen wie Cosinus, Sinus und Tangens und vielen anderen mathematischen Entdeckungen. Selbst als Euler langsam erblindete, befasste er sich noch mit Mathematik. Angeblich soll er sogar gesagt haben, dass sich

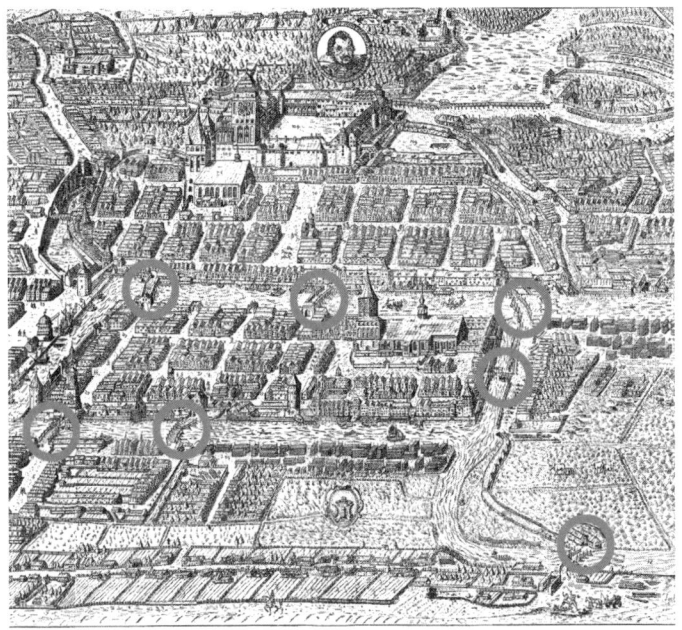

Stadtplan von Königsberg mit den berüchtigten sieben Brücken.

das Nachlassen des Augenlichts als hilfreich erwies, da er dadurch weniger abgelenkt sei.

Was das Königsberger Brückenrätsel anbelangte, kam Euler auf die Idee, das Problem durch das Außerachtlassen möglichst vieler Informationen zu vereinfachen. Der Stadtplan von Königsberg hat für diese Frage zum Beispiel keinerlei Bedeutung; es geht nur um die Brücken. Sie zeichnete Euler als Linien, die Inseln und die beiden Ufer hingegen als Knotenpunkte. Von einer Brücke zur nächsten kann man nur gelangen, wenn sie mit demselben Punkt verbunden sind. Aus einem Spaziergang durch Königsberg machte Euler einen Spaziergang durch die Abbildung auf Seite 170, die als Graph Bekanntheit erlangte.

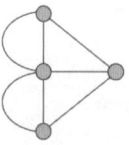

Die Brücken von Königsberg, nun als Graph.

Durch diesen Graphen kann man auf zwei Arten spazieren gehen: im Kreis oder auf einem Weg mit einem unterschiedlichen Anfangs- und Endpunkt. Solange man dabei alle Brücken nur *einmal* überquert hat, spielt das keine Rolle. Geht man im Kreis, dann müssen mindestens zwei Linien zum selben Anfangs- und Endpunkt führen, denn man darf jede ja nur einmal und nicht zweimal betreten. Im anderen Fall, wenn Anfangs- und Endpunkt nicht identisch ist, gibt es zwei Knotenpunkte mit mindestens *einer* Linie: Vom Anfangspunkt aus geht man über eine erste Brücke und gelangt schließlich über die letzte Brücke zum Endpunkt.

Man läuft also immer von einem Punkt zum nächsten, wobei man jedes Mal über eine Brücke ankommt und über eine andere weitergeht. Bei jedem Zwischenstopp geht man folglich über genau zwei Linien. Man kann nicht auf zwei Brücken gleichzeitig den Fluss überqueren oder mit dem Boot übersetzen, um eine Brücke zu umgehen, die man zuvor schon überquert hat.

Stellt man all diese Dinge in Rechnung, erkennt man, dass ein Spaziergang über alle Brücken nur in zwei Fällen möglich ist. Geht man im Kreis, dann muss bei jedem Knotenpunkt des Graphen eine gerade Anzahl von Linien ansetzen: zwei Linien pro Zwischenstopp plus zwei Linien beim Anfangs- und Endpunkt. Geht man hingegen von einem Punkt A zu einem Punkt B und von dort wiederum zu einem weiteren Punkt usw., dann gibt es zwei Punkte, die mit einer ungeraden Anzahl von Linien verbunden sind. An allen Punkten auf dem

Weg muss auch hier eine gerade Anzahl von Linien ansetzen, aber beim Anfangspunkt hat man eine Linie zusätzlich und beim Endpunkt ebenfalls: Da ist die Anzahl der Linien also ungerade.

Wenn Sie das nicht gleich vor Ihrem geistigen Auge sehen, so ist das nicht weiter schlimm. Eulers Entdeckung war, dass sich das Brückenproblem nur lösen lässt, wenn es nicht mehr als zwei Punkte gibt, an denen eine ungerade Zahl von Linien ansetzt. Doch Königsberg hat vier Orte mit einer ungeraden Zahl von Brücken! Deshalb ist kein Spaziergang durch Königsberg möglich, bei dem man jede Brücke nur genau einmal überquert. Damit ist das Problem gelöst. Wie sehr man sich auch bemüht, einen solchen Spazierweg wird man niemals finden.

Was hat man damit gewonnen? Nicht besonders viel. Ebenso wie Spiele am Beginn der Wahrscheinlichkeitsrechnung standen, steht dieses Rätsel am Beginn der Graphentheorie. Euler hat als Erster erkannt, dass man das Brückenproblem abstrakter darstellen kann, indem man Punkte und Linien verwendet, und sich gedacht, dass eine solche Abstraktion für die Lösung derartiger Probleme hilfreich sein kann. Das trifft auch für die Lösung praktischer Probleme wie dem zu, Routen mit Google Maps zu planen.

Einbahnstraßen

In Königsberg war es unerheblich, ob man auf dem Stadtplan von unten nach oben lief oder umgekehrt, man durfte jede Brücke in die eine oder die andere Richtung überqueren. In anderen Fällen ist das jedoch durchaus relevant; zum Beispiel bei Einbahnstraßen. Deshalb sind einfache Linien nicht immer ausreichend; man muss ihnen zusätzlich noch Pfeile zuordnen, die anzeigen, in welche Richtung man fahren darf.

Das gilt zum Beispiel für die Straßenkarte von Manhattan. Dort sind fast alle Straßen Einbahnstraßen. Wer sich mathematisch über Autofahrten durch das Straßennetz von New York Gedanken machen will, muss das beachten. Einen Graphen zeichnet man dann ungefähr so.

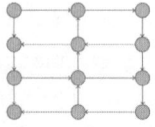

Die Straßenkarte von Manhattan.

Die Kreise kennzeichnen die Kreuzungen der verschiedenen Einbahnstraßen, die als Pfeile dargestellt werden. Es ist zu erkennen, dass man sich links unten festfahren kann; denn von dieser Kreuzung geht keine Linie mehr ab. Dieser Graph funktioniert als Straßenkarte also nicht so ganz, zumindest nicht, wenn man davon ausgeht, dass sich die Autofahrer immer an die Verkehrsregeln halten.

Nimmt man die Kreuzungen links weg, kann man wieder jeden Punkt erreichen. Mit einer geraden Zahl von Kreuzungen, sowohl in vertikaler als auch in horizontaler Richtung, funktioniert das Ganze einwandfrei. Dann erhält man, wie man rechts sehen kann, eine makellose Runde. Die hier dargestellte Straßenkarte funktioniert nicht, weil von dem linken Teil der Straßenkarte nur die Hälfte eingezeichnet ist. Deshalb kann man links oben nicht ankommen und von der Kreuzung links unten nicht mehr wegkommen. Rechts oben und rechts unten ist das kein Problem, hier ist die Runde komplett. Ein Mathematiker kann einem Stadtplaner darlegen, dass die Verkehrsführung stets auf diese Weise funktioniert; dann müssen sich Verkehrsplaner weniger den Kopf über konkrete Straßenpläne zerbrechen.

Google Maps muss in seinen Graphen natürlich auch mit Pfeilen arbeiten. Um eine Route zu berechnen, muss man wissen, ob es sich bei einer Straße um eine Einbahnstraße handelt oder nicht. Mindestens genauso wichtig ist es, dass das System bei einem Stau weiß, dass sich der Verkehr nicht immer in beide Richtungen staut. Staut er sich auf der Autobahn in eine Richtung und in die andere nicht, wird sich die Fahrzeit natürlich nur für die Fahrer verlängern, die im Stau stecken bleiben. Fahren Sie zufällig in die andere, staufreie Richtung, sollte sich Ihre Fahrzeit nicht ändern. Pfeile sind dazu sehr nützlich: Der Computer muss nur die Zahl neben dem Pfeil in Staurichtung – und damit die Fahrzeit in diese Richtung – entsprechend erhöhen, um den Stau in die Berechnung einfließen zu lassen. Die Zahl neben dem Pfeil in die andere Richtung bleibt einfach gleich.

Die Zahlen und Pfeile stehen bei Google Maps also für Straßen und Fahrzeiten. Sie erinnern sich sicherlich noch an das erste Kapitel: Diese beiden Elemente genügen, um eine Route zu berechnen, ohne dazu eine geographische Karte verwenden zu müssen. Wir konnten dort sehen, wie sich mit einer einfachen Berechnung die kürzeste Route finden lässt: Der Computer läuft entsprechend der Streckenlängen alle möglichen Routen ab, bis er die kürzeste Route zum richtigen Ziel errechnet hat. Bis dahin muss der Computer jedoch *alle* Straßen ablaufen, die kürzer sind, auch wenn diese in die falsche Richtung führen. Diese Art der Berechnung ist unter dem Namen «Dijkstra-Algorithmus» bekannt geworden.

Ein Beispiel dafür sehen Sie in der Abbildung auf Seite 174, in der der Graph aus Gründen der Übersichtlichkeit mit Kästchen statt mit Punkten dargestellt ist. Zwischen den Kästchen kann man sich Pfeile hinzudenken, die in alle vier Richtungen zu den angrenzenden Kästchen führen. Bei diesem Graphen wurde der Dijkstra-Algorithmus verwendet, um die Route

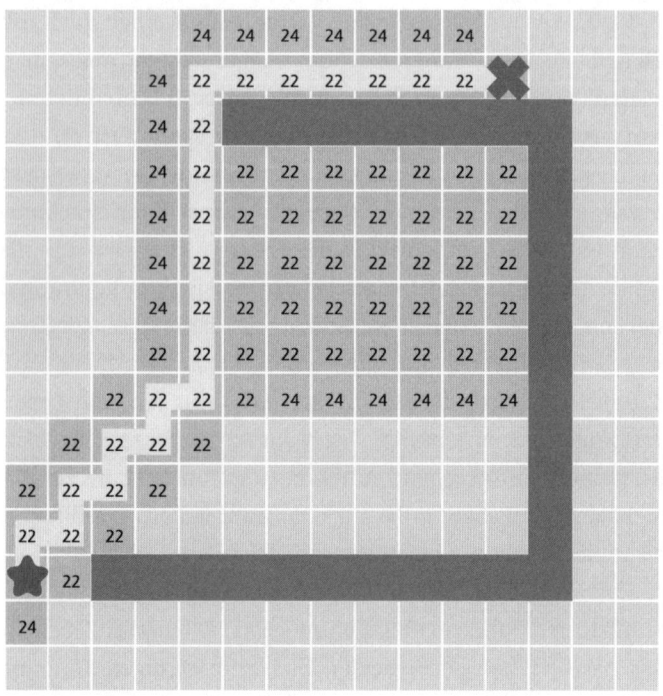

Der Dijkstra-Algorithmus und alle Routen, die begutachtet werden:
jede Route, die weniger als 23 Schritte umfasst.

vom Stern links unten zum Kreuz rechts oben zu finden. Die
einzige Einschränkung besteht aus einer Reihe dunkler Kästchen, die man nicht überqueren darf; sie könnten beispielsweise einen Fluss darstellen, den man mit dem Auto nicht
durchfahren kann. Außerdem sieht man alle Berechnungen,
die der Computer angestellt hat. Jedes Kästchen mit einer
Zahl ist ein Ort, den der Algorithmus daraufhin untersucht
hat, ob er möglicherweise mit dem beabsichtigten Fahrziel
identisch ist; die Zahl steht hier für die Länge der Route. In
der Vielzahl möglicher Routen ist der Verlauf der tatsächlich
gewählten Route heller markiert.

Der Dijkstra-Algorithmus hat hier die Route wie gewohnt ganz systematisch berechnet. Der Computer sieht sich zunächst alle Routen an, die ein Kästchen lang sind; in der Darstellung sind sie als Zielpunkte dieser Routen mit einer 1 gekennzeichnet. Dann läuft der Algorithmus Wegstrecken mit einer Länge von zwei Kästchen ab; an deren Endpunkt steht eine 2. Der Algorithmus braucht sehr lange, um das Kreuz als Endziel der Route zu finden, denn es gibt sehr viele mögliche Wege, die kürzer als 23 Kästchen sind. All diese kürzeren Routen berechnet der Computer, auch wenn sie nicht zum richtigen Endpunkt führen. Darin liegt auch das Problem dieses Algorithmus: Der Computer muss sehr viel rechnen, bis er eine bestimmte Route gefunden hat.

Je mehr Straßen es gibt und je weiter das Ziel entfernt liegt, desto länger wird ein Computer für eine solche Berechnung benötigen. Deshalb arbeitet Google Maps auch nicht mit diesem Algorithmus. Wie das Programm, das Google nutzt, genau aussieht, ist, wie häufig bei derartigen Unternehmen, nicht bekannt. Doch wir können mit gutem Grund eine Vermutung anstellen, da durchaus bekannt ist, welche Techniken im Allgemeinen für die Routensuche gebräuchlich sind. Viele Unternehmen verwenden den A*-Algorithmus (A Stern). Er hat eine gewisse Ähnlichkeit mit dem Dijkstra-Algorithmus; alle möglichst kurzen Routen werden abgewandert. Doch der A*-Algorithmus ergänzt die Berechnung zusätzlich durch eine Schätzung der Weglänge.

Eine solche Schätzung ist nicht schwierig durchzuführen. Der Computer hat zwar keinen Überblick über den Graphen, aber mit ein bisschen mehr Information ist er dazu in der Lage, eine solche Schätzung vorzunehmen. Google Maps weiß zum Beispiel, welche Koordinaten der Ausgangs- und der Zielpunkt hat, kennt also die Längen- und Breitengrade der beiden Enden der Wegstrecke. Damit kann der Computer eine grobe Schätzung vornehmen: Der Abstand zwischen den Breitengraden beträgt durchschnittlich 111 Kilometer. Wenn ein Computer weiß, wie viele Längen- und Breitengrade zwischen beiden Punkten liegen, kann er auch schätzen, wie groß die Distanz zwischen ihnen ist und wie lang man ungefähr braucht, um das Ziel zu erreichen. Die Schätzung berücksichtigt allerdings nicht die Anzahl der Straßen, die Geschwindigkeitsbegrenzungen auf diesen Straßen, die durchschnittliche Verkehrsdichte und Ähnliches. Daher wird Google zweifellos eine bessere Methode verwenden, die (klugerweise) vor der mathematischen Berechnung der Wegstrecke zu einer Schätzung kommt, wie lange man für die betreffende Route brauchen wird.

Hinter dem A*-Algorithmus verbirgt sich ein mathematischer Trick. Statt nur die bereits zurückgelegte Distanz zu berücksichtigen, stellt er sowohl die Summe der zurückgelegten Distanzen als auch die Schätzung der Distanz, die noch vor einem liegt, in Rechnung. Außerdem bezieht der Computer, der die mathematische Prozedur durchführt, ausschließlich die Routen ein, bei denen diese Summe so gering wie möglich ausfällt. Das kann sehr viel ändern. Schauen Sie sich einmal die Abbildung auf Seite 177 an, in der dieselbe Route berechnet wird wie vorhin mit dem Dijkstra-Algorithmus, doch dieses Mal mit dem A*-Algorithmus. Die Zahl der Kästchen, die mit einer Zahl versehen sind, ist viel geringer als beim Dijkstra-Algorithmus. Entsprechend ist die Anzahl möglicher Routen, die der Computer berechnet hat, wesentlich geringer.

Im obigen Beispiel war die Schätzung des A*-Algorithmus sehr gut: Sie betrug 22 Kästchen – sie lag also nur ein Kästchen unter der tatsächlich kürzesten Route. Der Computer gelangte zu dieser Schätzung, indem er ein ähnliches mathematisches Verfahren nutzte wie beim Rechnen mit Längen- und Breitengraden: Er subtrahierte von den Koordinaten des

Die Berechnung derselben Route mit dem A*-Algorithmus.

Ziels (14 von unten, 12 von links) die Koordinaten des Ausgangspunktes (3 von unten, 1 von links) und kam auf diese Weise auf (14−3) + (12−1) = 22 Kästchen. Auch zwischenzeitliche Schätzungen für die Distanz, die der Computer noch zurücklegen muss, lassen sich auf diese Weise berechnen.

Der Computer zieht auch jetzt noch viele Wegstrecken in Betracht, die nicht funktionieren. Er kontrolliert zum Beispiel alle Kästchen entlang des Flusslaufes, es könnte ja durchaus der Fall sein, dass man über diesen Weg schneller weiterkommt, weil irgendwo eine Brücke gebaut wurde. Dennoch geht der A*-Algorithmus eindeutig praktischer vor: Ganz anders als in der Abbildung des Dijkstra-Algorithmus finden sich in den Kästchen in der rechten unteren Ecke der Darstellung, die in einer völlig falschen Richtung liegen, keine Zahlen. Das rührt daher, dass diese Stelle einen hohen Rechenaufwand erfordert – der Algorithmus muss vom Anfangspunkt aus viele Schritte gehen, um dorthin zu gelangen –, *und* sie liegt der Schätzung nach weit vom Endpunkt entfernt.

Darüber hinaus gibt es noch weitere mathematische Tricks, um den Suchprozess zu beschleunigen. Es ist zum Beispiel günstig, die Route nicht einfach vom Anfangs- zum Endpunkt zu berechnen, sondern in beiden Richtungen (also vom Ausgangspunkt zum Ziel und vom Ziel zum Ausgangspunkt) gleichzeitig zu betrachten. Der Computer wechselt dann zwischen den Richtungen hin und her, bis sich beide Routen begegnen. Er macht den ersten Schritt vom Ausgangspunkt aus, dann einen Schritt vom Ziel aus, dann wieder einen Schritt vom Ausgangspunkt aus usw. In beiden Richtungen wird mit Hilfe des A*-Algorithmus gerechnet, es wird also jeweils eine Schätzung der Distanz vorgenommen, die noch zu überbrücken ist. Stellt man es geschickt an, kann ein Computer sogar für das gesamte nordamerikanische Straßennetz die Routen effizient errechnen.

Der Unterschied zwischen den beiden Algorithmen ist groß. Ein Experiment zeigte das deutlich. Das nordamerikanische Straßennetz bestand in diesem Experiment aus 21 133 774 Punkten und 53 523 592 Verbindungslinien. Der Dijkstra-Algorithmus lief im Durchschnitt 6 938 720 dieser Punkte ab, um eine Route zu finden. Mit etwas Vorarbeit und einer mathematischen Berechnung, die den Graphen verkleinerte, gelang es dem Zweirichtungsalgorithmus schon mit 162 744 Punkten, die kürzeste Route zu finden.

Die bedeutendsten Innovationen in der Algorithmenentwicklung finden derzeit auf dem Feld besagter «Vorarbeit» statt, etwa bei den häufig verwendeten «Autobahnhierarchien» (Highway hierarchies). Indem man mit zusätzlichen mathematischen Berechnungen den Graphen vereinfacht, kann ein normaler Computer in Europa – wo der ursprüngliche Graph zur Routenberechnung 18 Millionen Punkte umfasst – in einer tausendstel Sekunde die kürzeste Route berechnen. Die Idee, die sich dahinter verbirgt, steckt schon im Namen: Lange Strecken lassen sich wahrscheinlich am einfachsten auf Autobahnen bewältigen. Die Fahrt von New York nach Chicago würde viel länger dauern, wenn man nur kleine Landstraßen nähme, daher ignoriert ein findiger Computer diese Routen. Mathematisch betrachtet, tut er das, indem er Landstraßen aus dem Graphen entfernt. Die einzigen Punkte und Pfeile, die beibehalten werden, sind die kleinen Straßen, die den Ausgangs- und das Endpunkt mit den Autobahnen verbinden, sowie die Autobahnen selbst.

Der Computer weiß allerdings nicht von vorneherein, welche Pfeile für Autobahnen stehen. Die wichtigste mathematische Aufgabe besteht also darin, diese Autobahnen zu erkennen, ohne dass sie jemand vorab identifiziert hat. Das geht vollkommen automatisch: Der Computer berechnet, welche Straßen in den kürzesten Routen des ursprünglichen Graphen am häufigsten vorkommen. Eine kleine Landstraße wird nur in wenigen der kürzesten Routen vorkommen, daher wird sie entfernt. Schließlich bleiben nur die wichtigen Autobahnen übrig.

Die Route von New York nach Chicago lässt sich daher folgendermaßen berechnen: Der Computer sucht zunächst in der Nähe der Startadresse in New York nach den nächstgelegenen Autobahnen. Da sich der Computer in beide Richtungen auf den Weg macht, tut er das zugleich von der Chicagoer Zieladresse aus. Sobald er die Autobahnen gefunden hat, kann der Computer alle anderen Straßen ignorieren, bis sich die Routen von Ausgangs- und Endpunkt innerhalb des

Autobahnnetzes begegnen. Ideen wie das Einschätzen der Routenlänge mittels Koordinaten oder das Erkennen der wichtigsten Straßen aufgrund ihrer Auslastung machen es möglich, dass wir Routen auch über riesige Distanzen hinweg automatisch berechnen können.

Googles Spaziergänge durch das Internet

Graphen begegnen uns jeden Tag. Wie wir gesehen haben, bei Google Maps; aber auch dann, wenn wir nicht unterwegs sind. Google verwendet sie nämlich auch bei jedem unserer Suchbefehle. Die Resultate, die wir dabei erhalten, beruhen zum großen Teil auf einem Spaziergang, den Google durch das Internet macht. Dank dieses Spaziergangs haben sich die Suchmaschinen wesentlich verbessert. Darauf habe ich schon in der Einleitung hingewiesen. Bevor es Google gab, gelang es den Suchmaschinen häufig nicht einmal, sich selbst im Internet zu finden!

Die Gründer von Google haben das Problem, die wichtigsten Internetseiten automatisch zu finden, auf mathematische Weise gelöst. Sie betrachteten das Internet als einen sehr großen Graphen, bei dem die Internetseiten über Links aufeinander verweisen. In Wikipedia kann man das Internet zum Beispiel durchwandern, indem man mit Hilfe von Links von Seite zu Seite springt. Kommt man bei diesem Spaziergang sehr oft auf dieselbe Seite? Dann ist diese sicherlich wichtig, folglich erhält sie in den Suchresultaten einen der vorderen Plätze. Um zu schauen, wo man überall landet, durchwandert Google daher das Internet so oft wie möglich. Dabei zeigt sich: Man landet viel häufiger bei Wikipedia als bei einer obskuren Website mit einem veralteten Foto von Bill Clinton.

Google tut das natürlich mit Hilfe mathematischer Berechnungen. Und das ist auch gut so, denn dadurch können wir sicher sein, dass die richtigen Websites als wichtig gekennzeichnet werden. Wenn man das Internet nur wahllos abgeht, könnte es dazu kommen, dass man schnell irgendwo stecken bleibt. In einer Gruppe von Websites über Verschwörungstheorien beispielsweise. Diese verweisen nämlich alle wechselseitig aufeinander, sind aber dennoch als Informationsquelle nicht wichtiger als Wikipedia. Die Berechnung von Google sorgt dafür, dass man auch diesen Unterschied erkennt, was einem bei wahllosem Surfen selbst längst nicht immer gelingt. Denn schließlich gibt es genug Menschen, die sich von diesen Verschwörungstheorien beeinflussen lassen.

Stellen Sie sich vor, der folgende Graph bildete das ganze Internet ab. Die Buchstaben in den Kreisen ständen für Websites. B kann zum Beispiel Wikipedia sein, eine verlässliche Informationsquelle, auf die viele andere Websites Bezug nehmen. Die Zahlen in den Kreisen geben an, wie wichtig jede Website nach Auffassung von Google ist. Diese Werte müssen berechnet werden. Ein hoher Wert besagt, dass eine Website wichtig ist, wohingegen ein niedriger Wert bedeutet, dass man eigentlich von der Existenz der Website schon wissen muss, um sie aufzuspüren. Zumindest nach Ansicht von Google.

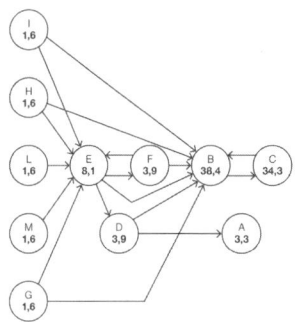

Das Internet, wie Google es sieht.

Einen solchen Zahlenwert berechnet man, indem man so tut, als würde man wirklich durch das Internet stromern. Man bewegt sich mit Hilfe von Links, den Pfeilen im Graphen, von einer Webseite zur nächsten. Man liest etwas auf einer Website I, will mehr wissen und geht weiter zu E. Von dort gelangt man wie von selbst über F zu B. In diesem Beispiel führen fast alle Wege zu Wikipedia (B). Es erhält also einen sehr hohen Wert. Man landet schnell auf einer seiner Seiten, und dafür gibt es gewiss gute Gründe.

Wikipedia nimmt noch auf eine andere Website C Bezug. Sie dient als Quelle für zusätzliche Informationen. C erhält deshalb, obwohl es nur von einer Website verlinkt wird, einen hohen Wert. Einen viel höheren Wert als D beispielsweise, das auch nur von einer Website verlinkt wird. Es ist also nicht nur bedeutsam, wie viele Seiten auf eine Website verweisen, sondern auch wie wichtig diese Websites sind.

Können Sie das nachvollziehen? Sie müssen zwischen zwei Websites wählen. Die eine ist eine Seite von Wikipedia über den 11. September, die andere ist eine Seite mit einer Verschwörungstheorie über den Anschlag. Laut Google müsste man sich zunächst die Zahl der Links ansehen. Für Wikipedia sind das eine ganze Menge; doch die Leute, die hinter der Verschwörungstheorie stehen, haben viel Geld ausgegeben, um dafür zu sorgen, dass mehr Links auf ihre Seite verweisen. Alle möglichen unsinnigen Websites, auf denen nie jemand landet, haben daher auch einen Link zu der Verschwörungstheorie. Ist Wikipedia nun plötzlich weniger wichtig? Keinesfalls. Nutzer wollen die zuverlässigsten Informationen sehen, nicht die Informationen, an denen das meiste Geld klebt. Indem Google registriert, wie bedeutsam die Websites sind, die auf eine bestimmte Seite verweisen, kann Google teilweise verhindern, dass Geld über die Rangfolge der Suchresultate entscheidet. Die BBC etwa lässt sich nicht dafür bezahlen, einen Link zu einer Verschwörungstheorie zu setzen. Links der BBC sind daher für Google erheblich mehr wert als Links einer Website, die diese aktiv verkauft.

Allerdings ist das nicht wirklich die Art und Weise, wie wir das Internet nutzen. Wann haben Sie das letzte Mal durch ständiges Klicken auf einen Link fünfzig Websites hintereinander besucht? Meistens gelangt man in einem Zug – beispielsweise – zu Facebook, indem man die entsprechende Adresse eingibt. Es wäre viel zu aufwendig, eine bekannte Website nur über Links erreichen zu wollen. Auch Google tut das daher nicht immer. Manchmal führt die Berechnung von Google direkt zu einer bestimmten Website. Google kalkuliert ein, dass man zuweilen plötzlich von C nach E springt, weil man es einfach nicht lassen kann nachzuschauen, ob Freunde etwas Neues gepostet haben. Man gibt dann Facebook in die Adresszeile ein und klickt sich nicht erst durch die zehn Zwischenschritte, die nötig wären, um dorthin zu gelangen. Nach der Berechnung von Google liegt die Wahrscheinlichkeit, dass man so vorgeht, bei ungefähr eins zu sechs. Das heißt nicht, dass man nach dem Eingeben einer URL tatsächlich jedes Mal fünf Links hintereinander anklicken würde. Es bedeutet vielmehr, dass der Algorithmus von Google insgesamt ein besseres Ergebnis beim Durchklicken ermöglicht, indem er die bevorzugten Websites entsprechend gewichtet. Letztlich handelt es sich dabei nämlich um nicht mehr als ein großes Puzzlespiel, das mit Zahlen gefüllt werden muss. Angenommen, man landet über B bei C. Dann erhält C einen höheren Wert. Aber danach geht man zurück zu B, und dadurch erhöht sich zwangsläufig auch wiederum der Wert von B. Schließlich hat ja einer der Links nach B an Relevanz zugelegt. Und so geht es immer weiter … Zum Glück werden diese Werte nicht endlos größer. Ab einem bestimmten Zeitpunkt verändert sich nichts mehr: Google gibt jeder Website, die man über ihre Suchmaschine finden kann, fünfzigmal einen Wert! Danach aber steigen die Werte nicht mehr an, auch nicht in unserem Fall der sich gegenseitig verstärkenden Werte von B und C.

Sich mit einem Graphen Filme anschauen

Auf der Grundlage analoger Berechnungen gibt Netflix Empfehlungen für neue Filme und Serien. Auch die Computer von Netflix verwenden wahrscheinlich einen Graphen, den Sie durchlaufen, wenn Sie den Empfehlungen folgen. Darüber hinaus sehen Sie sich vielleicht manchmal auch etwas ganz Neues an, etwa weil Sie ein Filmplakat gesehen haben oder Sie die begeisterte Reaktion eines Freundes dazu animierte. Auf diese Weise versucht Netflix Ihre Vorlieben herauszufinden; es teilt die Nutzer in unterschiedliche Gruppen ein und stützt darauf seine Empfehlungen. Im Hintergrund steht also die gleiche Idee, die auch den von Google verwendeten Techniken zugrunde liegt.

In mathematischer Hinsicht besteht zwischen Netflix und Google kaum ein Unterschied. Der Algorithmus von Netflix bildet das Verhalten der Nutzer nach. Netflix geht davon aus, dass Sie vor allem die Filme sehen möchten, die viele andere mit dem gleichen Geschmack gesehen haben; so wie Google annimmt, dass die Websites wichtig sind, auf die viele andere wichtige Sites verweisen. Ein Film passt gut zu Ihnen, wenn er vielen anderen Filmen ähnlich ist, die gut zu Ihnen passen. Hin und wieder sind Sie etwas abenteuerlustiger und schauen sich etwas ganz anderes an, einfach um mal zu sehen, ob das etwas für Sie sein könnte. Dann führt die mathematische Berechnung nicht fein säuberlich in einer direkten Linie zu einem anderen Film oder einer anderen Serie, sondern sie springt zu einer ganz anderen Stelle auf dem Graphen.

Krebs effektiv behandeln – dank Mathematik

Nicht nur große Internetunternehmen sind von der Graphentheorie begeistert. Auch Krankenhäuser setzen Graphen ein, zum Beispiel um zu prognostizieren, wie effektiv eine bestimmte Behandlung gegen Krebs sein wird. Das ist, unter anderem aufgrund genetischer Unterschiede, von Patient zu Patient verschieden. Diese Divergenzen lassen sich offenbar mit genau den gleichen Berechnungen, die Google und Netflix verwenden, sehr gut voraussagen. Vor ihrer Einführung lagen die Ärzte mit ihren Prognosen in etwa 60 Prozent der Fälle richtig. Schon in der ersten Phase (2012), in der sie die Berechnungen mittels der Graphentheorie durchführten, erreichten sie eine Genauigkeit von 72 Prozent! Das bedeutet eine enorme Verbesserung für die betroffenen Patienten, die ansonsten kostbare Zeit für eine wirkungslose Behandlung vergeuden würden.

Wie lief das früher ab? Eine derartige Prognose stützt sich, damals wie heute, auf eine kleine Gruppe von Genen. *Vor* dem Einsatz mathematischer Berechnungen wählte man diese Gruppe aufs Geratewohl aus; jeder Wissenschaftler traf seine eigene Wahl und konzentrierte sich daher oft auf völlig andere Gene als seine Kollegen. Niemand wusste genau, auf welche Gene es ankam. Ihre Zahl ist ja auch so schrecklich groß, dass man sich kaum einen Überblick darüber verschaffen kann. Was alles noch schwieriger macht: Die Wissenschaftler suchen nach Genen, die ihr Verhalten im Zuge der Behandlung verändern. Manchmal beeinflussen sie auch andere Gene, ohne sich dabei selbst sichtbar zu verändern. Wichtige Gene können sich auf diese Weise den Blicken der Wissenschaftler entziehen. Es ist ziemlich mühsam herauszufinden, welche Gene wichtig sind – wichtig in dem Sinne, dass sie sich während der Behandlung stark verändern.

Kommt Ihnen das bekannt vor? Diese Suche nach den wichtigen Elementen in einer riesigen Menge von Informationen? Es ist genau das, was Google und Netflix auch versuchen. Daher ist es kein Wunder, dass eine Gruppe von Wissenschaftlern auf die Idee kam, diese Berechnungen auch für Gene zu nutzen – mit einem Graphen, der in diesem Fall auf einer Vielzahl von Experimenten über die Verhaltensänderungen von Genen beruht. Diese Experimente zeigen beispielsweise, wie sich das Verhalten eines Gens verändert und welche Gene sich gegenseitig beeinflussen. Mit diesen Daten lässt sich nun ein Graph erstellen: Die Linien zwischen zwei Kreisen/Genen geben an, wie stark der Einfluss eines Gens auf ein anderes ist.

Es gibt dann allerdings doch einen kleinen Unterschied zu Google und Netflix: Die Anfangswerte sind nicht für jede Person gleich. Vielmehr basieren sie auf weiteren Untersuchungen, die das Verhalten der Gene mit den Überlebenschancen eines Patienten verknüpfen. So kann zum Beispiel ein Gen, das sehr aktiv ist, bei der Krebsbekämpfung hilfreich sein. Dieses Gen erhält einen hohen Anfangswert: Für den Arzt ist es sicherlich wichtig, dieses Gen im Auge zu behalten. Der Graph macht nun genau dasselbe: Ein Computer wandert von einem Gen zum nächsten, um sich anzusehen, wie sich diese Werte unter Berücksichtigung der gegenseitigen Beeinflussung der Gene verändern.

Durch die fortwährende Neuberechnung der Werte kristallisieren sich letztendlich ein paar Gene heraus, die für die Überlebenschancen eines Patienten und seine Reaktion auf die Behandlung eine entscheidende Rolle spielen. Der Algorithmus verarbeitet also alle Informationen zur Relevanz der Gene und ihrer gegenseitigen Beeinflussung, um genau die Gene zu finden, die für die Krebsbehandlung direkt oder indirekt am wichtigsten sind. So rettet ein Bereich der Mathe-

matik womöglich Leben, und das, obwohl er dafür nicht einmal gedacht war.

Facebook, Freundschaften und künstliche Intelligenz

Um ein letztes Beispiel zu nennen: Auch Facebook nutzt
diese Art von Berechnungen mittels Graphen. Nicht so sehr,
um Informationen zu sortieren, sondern vielmehr um Ihnen
Freunde vorzuschlagen. Denn Facebook weiß genau, wer
mit wem befreundet ist, es gibt einen riesigen Graphen, in
dem jeder Nutzer und jede Freundschaft auf Facebook verzeichnet ist. Mit Ihnen beginnend durchwandert Facebook
den Graphen und kann dabei erkennen, wem Sie im wahren
Leben womöglich begegnen werden. Eine Person, mit der
Sie viele Freunde gemeinsam haben, werden Sie mit einiger
Wahrscheinlichkeit irgendwann einmal auf einem Fest treffen, und dasselbe gilt auch für jemanden, der dieselben
Freunde hat wie Ihre Freunde. Letzteres ist schon etwas
schwieriger zu durchschauen. Nehmen wir an, es handelt
sich um ungefähr zwanzig gemeinsame Freunde. Dann ist es
nicht unwahrscheinlich, dass einer dieser gemeinsamen
Freunde Sie irgendwann einmal zu einem seiner Freunde,
den Sie bisher noch nicht kannten, mitschleppt. Anders gesagt, Facebook weiß nicht nur, wen Sie kennen, sondern
kann auch vorhersagen, wen Sie in nächster Zeit kennenlernen werden.

Nun ist das längst nicht so besorgniserregend wie all die
anderen Dinge, die Facebook über Sie weiß. Wen Sie anrufen,
welche Websites Sie besuchen und so weiter: Es sind mehr als
genug Geschichten an die Öffentlichkeit gedrungen, die deutlich machen, wie riesig die Datenmengen sind, die Facebook
über seine Nutzer zusammenzutragen versucht, um sie mit

Hilfe von Graphen zu analysieren. Das betrifft sogar Personen, die selbst nie einen Facebook-Account angelegt haben. Allerdings analysiert Facebook diese Daten nicht in der Art, in der Google Suchergebnisse ordnet, sondern in sogenannten neuronalen Netzen. Dabei handelt es sich um Strukturen, die für fast jede Anwendung künstlicher Intelligenz maßgeblich sind, von der Spracherkennung bis zu Spamfiltern und zum Erstellen medizinischer Diagnosen. Auch die Optimierung von Werbung läuft über solche Netzwerkstrukturen. Facebook kommt dabei zu Werbekategorien wie: «Menschen, die wahrscheinlich in den nächsten 180 Tagen einen Mazda kaufen werden».

Wie kann Facebook davon Kenntnis haben, noch bevor man selbst die entsprechende Entscheidung getroffen hat? Der Grund sind diese neuronalen Netzwerke in Kombination mit einer ungeheuren Menge an Daten. Sie erlauben es nicht nur zu berechnen, welche Stellen in einem Graphen wichtig sind; sie lassen sich auch dazu verwenden, unser Gehirn nachzubilden. An die Stelle von miteinander verbundenen Neuronen, die Signale weiterleiten, hat man hier Kreise, die über die Pfeile in einem Graphen Zahlenwerte weiterleiten. Man gibt also auf einer Seite Informationen hinein und bekommt auf der anderen Seite eine Vorhersage heraus. Zum Beispiel kann man Informationen über Ihre Person eingeben und als Resultat die Werbekategorie herausbekommen, in die Sie laut Facebook am besten passen. Mithin ist der Graph kein unveränderliches Puzzle mehr, in das man die richtigen Zahlen einzusetzen versucht, sondern ein dynamisches Ganzes, um Voraussagen über etwas ganz anderes als das machen zu können, was ursprünglich eingegeben wurde.

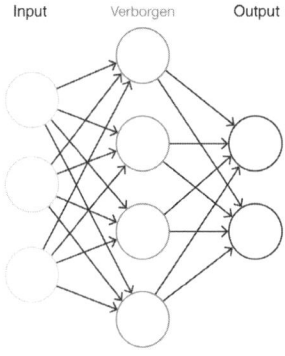

Schematische Darstellung eines neuronalen Netzes.

Ein neuronales Netz lässt sich im Wesentlichen wie in der obigen Abbildung in Form eines Graphen darstellen, nur dass den Kreisen hier andere Funktionen zukommen. Die linke Spalte steht für den «Input»: Hier gehen wie bei unserem Gehirn Informationen ein, das Foto eines Gesichts beispielsweise, in diesem Fall allerdings in Form von Einsen und Nullen. Die Zahlen, also die Informationen, werden in den vier Kreisen im Mittelteil verarbeitet. Dieser Mittelteil verändert die Zahlen; eine 1 links oben kann in dem obersten mittleren Kreis zu einer 0,5 werden, wenn der Pfeil alle Werte aus dem obersten linken Kreis halbiert. Die Pfeile passen die Zahlen an, ebenso wie das die Verbindungen zwischen den Neuronen tun. Diese Verbindungen sind nicht alle gleich stark, manche Neuronen beeinflussen einander sehr stark, andere hingegen nur ziemlich schwach. Der Algorithmus bildet mittels des Graphen die Funktionsweise des Gehirns nach.

Nachdem sehr viele dieser Zwischenkreise durchlaufen sind und sich auf diesem Wege der Input durch die Pfeile entsprechend verändert hat, kommen die Informationen schließlich in den Kreisen der rechten Säule zum Vorschein: dem Output. Wenn die eingegebene Information tatsächlich aus dem Foto eines Gesichts bestand, könnten die beiden Kreise rechts für die Frage stehen, ob es sich um das Gesicht eines Mannes oder einer Frau handelt. Ist sich der Computer sicher, dass es sich um das Gesicht eines Mannes handelt, erhält der Kreis für «Mann» eine 1 und der Kreis für «Frau» eine 0. Wie der Computer zu dieser Vorhersage gekommen ist, mit anderen Worten, auf welche Weise der Input zu der Vorhersage im Output kommt, ist häufig nicht bekannt.

In vielen Fällen werden die Zwischenschritte nämlich vom Computer selbst kreiert, in der sogenannten Trainingsphase. In dieser ersten Phase steigert der Computer seine Problemlösungskompetenz, indem er sehr viel mit Fotos übt, bei denen die Antwort bereits bekannt ist. Häufig heißt es daher, die Computer «lernten» in dieser Zeit. Sie verändern die Stärke der Verbindungen zwischen den Kreisen, also die Zahlenwerte, die den Pfeilen zugeordnet werden. Wenn der Inputkreis links oben für die Länge der Haare steht, kann das zum Beispiel anfangs als unbedeutend gelten – welche Zahl in diesem Kreis steht, ist daher für die Berechnung nicht so wichtig; dementsprechend haben alle Pfeile, die von diesem Kreis links oben ausgehen, einen geringen Zahlenwert. Während der Übungsphase kann der Computer entdecken, dass diese Information durchaus von Belang ist; er wird dann den Pfeilen, die vom «Haarkreis» ausgehen, einen zunehmend höheren Wert zuweisen.

Dazu braucht man enorme Datenmengen. Bei der Gesichtserkennung müssen das sehr viele Fotos sein, bei denen bekannt ist, ob darauf ein Mann oder eine Frau zu sehen ist. Ein Computer beginnt dann ziemlich willkürlich. Beim ersten Foto erkennt er noch nichts, aber er kommt zu einer Antwort, die mit der richtigen Antwort verglichen wird. Auf dieser Basis führt der Computer einige Veränderungen durch. Anschließend geht es zum nächsten Foto. Wird dieses Prozedere häufig genug wiederholt, ist der Computer irgendwann dazu imstande, fast immer die richtige Antwort auszuspucken.

Auf diese Weise ist es einem Computer auch gelungen, den besten menschlichen Spieler beim Go zu besiegen, einem Brettspiel, das für Computer sehr lange als zu schwierig galt. Der Computer verwendete einen gigantischen Graphen und spielte damit Millionen Spiele gegen sich selbst. Bei jedem Spiel gab es einen Gewinner, und jedes Mal passte der Computer den Graphen an. So lernte er nicht nur die Spielregeln, sondern auch das Spiel möglichst gut zu spielen. Heute gestaltet sich das so einfach, dass ein Computer nur drei Tage Lernzeit braucht, um den derzeitigen Weltmeister zu besiegen.

Die gleiche Idee macht sich auch Facebook zunutze, um herauszufinden, ob Sie einer dieser Leute sind, die sich höchstwahrscheinlich einen Mazda kaufen werden. Nachrichtendienste wollen sich dieser Technik bedienen, um Kriminelle und Terroristen aufzuspüren. China beginnt mit dem Ausbau eines Sozialkreditsystems, das jedem Bürger abhängig von seinem Verhalten einen Wert zuweist. Auf ähnliche Weise sind noch viele weitere (besorgniserregende) Anwendungsmöglichkeiten denkbar. Computer sind zum Beispiel auch in der Lage, aufgrund eines Fotos Aussagen über die sexuelle Orientierung einer Person zu treffen. Solche Vorhersagen sind noch nicht perfekt, aber sie sind möglich. Und sie lassen sich auch missbrauchen.

Ein Beispiel dafür ist der Cambridge-Analytica-Skandal. Das britisch-amerikanische Datenunternehmen nutzte Informationen von Facebook zur Vorhersage politischer Präferenzen sowie zu Aussagen darüber, welche Art von Botschaften bestimmte Menschen am ehesten ansprechen würden. Genauer gesagt: wie man sie davon überzeugen könnte, Trump zu wählen. Wie sich das auf das Wahlverhalten auswirkte, ist nicht eindeutig belegbar. Das Unternehmen war auch am Wahlkampf von Ted Cruz beteiligt, der nicht gerade großartig verlief. Welche Auswirkungen die Arbeit von Cambridge Analytica hatte, wird wohl unklar bleiben; fest steht aber, dass das Unternehmen nie über all diese Daten hätte verfügen dürfen und dass es erschreckend viel damit anrichten könnte: dank der Graphentheorie.

Graphen im Hintergrund

Graphen begegnen uns allem Anschein nach auf Schritt und Tritt. Nicht unvermittelt wie bei der Statistik, sondern im Hintergrund. Um ein Navigationssystem oder Google oder Netflix zu nutzen, müssen wir uns also nicht mit Graphen auskennen. Ähnliches galt schon, wie wir gesehen haben, für Integrale und Differenziale. Ist es dennoch wichtig, etwas von der Graphentheorie zu verstehen? Ich denke schon, weil die Art und Weise, in der Graphen Verwendung finden, einen enormen Einfluss auf unser Leben haben kann. Es ist gut zu wissen, welche Anwendungsmöglichkeiten hier relevant sind.

Mit einer davon begann dieses Kapitel. Google Maps berechnet mit Hilfe von Graphen die schnellste Route zu Ihrem Zielort. Solche Anwendungen funktionieren wie Integrale und Differenziale, sie verändern nicht besonders viel in Ihrem Leben. Gewisse Dinge werden einfacher. Man muss beispielsweise selbst keine Karte mehr lesen (können). Im Grunde werfen solche Anwendungen keine großen Fragen auf, Fragen etwa danach, ob sie auch wünschenswert sind. Natürlich möchten wir über eine Methode verfügen, um so schnell wie möglich zu unserem Zielort zu gelangen. Wenn sich das mit der Graphentheorie einfacher bewerkstelligen lässt, umso besser. Als Nutzer muss ich von all dem nicht unbedingt etwas wissen.

Ganz anders liegt der Fall, wenn Google, Facebook und andere Unternehmen und Institutionen die Graphentheorie dazu verwenden, Informationen zu ordnen oder mittels neuronaler Netze Entscheidungen zu treffen. Dann ist es *durchaus* sinnvoll, etwas von der Graphentheorie zu verstehen. Denken Sie zum Beispiel an Nachrichtendienste, die plötzlich Zugang zu jeder Menge persönlicher Daten haben wollen. Was werden sie damit anstellen? Was können sie aus ihnen alles herauslesen? Welche Schritte werden von Menschen erfasst, und was geschieht ohne menschliche Kontrolle? Nur wer etwas von der Graphentheorie versteht, kann solche Fragen wirklich beantworten.

Es gibt noch wesentlich mehr Fragen, bei denen die Kenntnis der Graphentheorie uns erst in die Lage versetzt, uns eine begründete Meinung zu bilden. Google und Facebook sorgen oft dafür, dass ihre Nutzer in einer «Blase» landen, in der sie in erster Linie diejenigen Informationen erhalten, die bestätigen, was sie ohnehin schon denken. Als Nutzer muss man sich aktiv nach Kräften bemühen, einen völlig anderen Standpunkt zu finden. Könnten Google und Facebook daran nicht etwas ändern? Sie haben doch Zugang zu all den anderen Standpunkten; diese sind doch ebenfalls online, warum bekommt man sie dann nicht zu Gesicht? Warum kann ich nicht aktiv angeben, dass ich die Dinge auch von der anderen Seite betrachten will? Schlicht und einfach deshalb, weil die Mathematik sich dazu nicht eignet. Google und Facebook können nicht «eben mal» ihren Algorithmus ändern, um dafür zu sorgen, dass Sie völlig andere Dinge zu sehen bekommen, die doch auch etwas mit dem Thema, für das Sie sich interessieren, zu tun haben.

Wie wir gesehen haben, verwenden Google und Facebook einen Maßstab, nach dem die wichtigste Information auch am einfachsten erreichbar ist: Das ist die Information, die dem, was Sie suchen, am ähnlichsten ist. So wie Netflix Ihnen keinen völlig überraschenden und zugleich perfekt passenden Film anbieten kann, kann Google Ihnen nicht einfach Informationen bieten, die fern Ihrer charakteristischen Suchbegriffe liegen. Fake News herauszufiltern hört sich einfacher an, als es ist, angesichts der Tatsache, dass mathematische Berechnungen nicht «sehen», was auf einer Website steht. Natürlich, es wird hart daran gearbeitet, dass sie es irgendwann doch einmal sehen können, aber das geht nicht im Handumdrehen. Die Mathematik, über die wir derzeit verfügen, tut sich damit schwer.

Fake News, Befürchtungen hinsichtlich des Schutzes der Privatsphäre, Sorgen in Bezug auf die Auswirkungen künstlicher Intelligenz sind zu relevanten gesellschaftlichen Themen geworden. Jedes einzelne dieser Themen basiert auf den Möglichkeiten und Grenzen der Graphentheorie. Daher ist es heute so wichtig, gerade von diesem Bereich der Mathematik etwas zu verstehen. Wer sich über die großen gesellschaftlichen Diskussionen unserer Tage eine Meinung bilden will, kann das nur, wenn er oder sie einigermaßen begreift, worum es dabei geht, welche Lösungen umsetzbar sind und welche nicht. Dabei kommen wir um die Graphentheorie nicht herum.

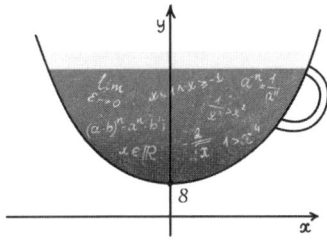

Der Nutzen der Mathematik

Mathematik ist, um dies noch einmal zu wiederholen, ausgesprochen nützlich. Und relevant. Und zwar auch im alltäglichen Leben, selbst wenn wir das oft nicht bemerken. Doch woran liegt es eigentlich, dass Mathematik so gut funktioniert? Diese Frage habe ich schon im zweiten Kapitel aufgeworfen. Dort konnten wir sehen, dass es keine Rolle spielt, wie man Mathematik begrifflich fasst: als einen Bereich abstrakter Formen wie Platon in seinem Höhlengleichnis oder als eine groß angelegte Fiktion wie die Geschichten über Sherlock Holmes. In beiden Fällen ist der Nutzen der Mathematik nicht unmittelbar ersichtlich. Die Mathematik ist so abstrakt, wie kann sie etwas mit der Wirklichkeit, in der wir leben, zu tun haben?

Bei solchen Fragen empfiehlt sich eine Herangehensweise an die Mathematik, die so einfach wie möglich ist. Sich etwa zu fragen, wie Zahlen nützlich sein können. Zahlen verwenden wir seit jeher dazu, Mengen genauer zu erfassen, und das ist nur möglich, weil Zahlen dafür die richtige Struktur haben. Sie passen gewissermaßen auf die Situation. Positive ganze Zahlen haben nämlich etwas Besonderes an sich: Man beginnt mit 1 und zählt immer das Gleiche, nämlich 1, hinzu. 2 ist nichts mehr und nichts weniger als die Zahl, die vor der 3 und nach der 1 steht. Damit verfügt man in der Tat über eine Form, die auf die unterschiedlichsten Situationen passt.

Sobald man zu zählen beginnt, verwendet man diese Form: «1» ist gewissermaßen wie ein Gefäß, in das man das erste Ding hineinsteckt, «2» ist das Gefäß für das nächste Ding usw. Die Abfolge, in der man Dinge in die Form von Zahlen steckt, unterscheidet die Dinge voneinander. Das gilt für Brote, Schafe, Münzen und vieles mehr, aber es gilt nicht für alles. Versuchen Sie nur einmal, Sandhaufen zu zählen. Angenommen, man schüttet einen Haufen links auf einer Baustelle auf und setzt dann rechts einen zweiten direkt daneben. Dabei rutscht Letzterer ein bisschen nach links ab. Statt zwei säuberlich getrennten Haufen liegt da nun *ein* wenn auch um einiges größerer Sandhaufen. Ein Sandhaufen plus ein Sandhaufen ist also immer noch ein Sandhaufen. $1 + 1 = 1$? Keineswegs, denn bei Sandhaufen funktionieren Zahlen einfach nicht. Sandhaufen passen nicht richtig in die Form, weil sie keine voneinander abgegrenzten Einheiten sind.

Das kann sich mit der verwendeten Maßeinheit ändern. Im Fall von Sand kann man sich beispielsweise anschauen, um wie viel Liter Sand es sich handelt, denn bei Litern ist $1 + 1$ einfach 2, selbst wenn der Sand auf den gleichen Haufen fällt. Mit Maßeinheiten lässt sich erreichen, dass so etwas wie Sand doch in die richtige Form passt und zahlentauglich wird. Solange die Form festgelegt ist, lassen sich mit Zahlen Mengen erfassen. Mit anderen Worten, Zahlen haben eine sehr feste Struktur, die sich gut anwenden lässt, weil wir in der Welt, die uns umgibt, vielerorts derselben Struktur begegnen. Doch damit ist noch lange nicht gesagt, dass man mit Zahlen alles tun kann, was man nur will. Sandhaufen zu zählen kann sich etwa als recht schwierig erweisen.

Zurück zu unserer Frage: Inwiefern sind Zahlen nützlich? Nun ja, sie spiegeln eine Struktur wider, der wir in unserer Umwelt begegnen. Zahlen sind anwendbar und nützlich, weil sie unsere Aufmerksamkeit auf diese Strukturen lenken und uns von allen Details, die gerade keine Rolle spielen, absehen lassen. In dieser Hinsicht unterscheidet sich die Mathematik von einer Geschichte über Sherlock Holmes. In einer solchen Geschichte gibt es zwar Aspekte, die zur Realität «passen»: London wird auf eine Art und Weise beschrieben, die größtenteils richtig ist, so dass man daraus eine ganze Menge über die Stadt London zu Sherlock Holmes' Zeiten erfahren kann. Aber was fehlt, ist die Abstraktion, das Allgemeine. Die Geschichte enthält keine Strukturen, die unsere Aufmerksamkeit auf eine spezifische Eigenschaft lenken, wie das Zahlen für Mengen tun.

Kleine Fehler in der Mathematik

Das klingt doch gut, oder? Die Mathematik passt perfekt zu den Dingen, mit denen wir es in unserer Welt zu tun haben. Deshalb können wir Mathematik beispielsweise dazu verwenden, uns über Mengen Gedanken zu machen. Doch so einfach ist es leider nicht immer. Sobald die Mathematik etwas komplizierter wird, passt sie nicht mehr ganz so gut: Es schleichen sich kleine Fehler ein. Der Algorithmus von Google tut beispielsweise so, als ob jeder Link positiv wäre, als ob Nutzer nie über eine Website sagen würden: «Schau dir mal diese Seite an, was für ein Blödsinn dort verbreitet wird!» Eine solche Website will man gerade nicht in seinen Suchresultaten finden, aber die Mathematik erkennt das nicht. Sie addiert einfach weitere Pluspunkte für den Link hinzu. Ebenso registriert Facebooks Graph nicht unmittelbar, welche Leute man wirklich kennt und wen man nur spaßeshalber hinzugefügt hat. Mathematisch betrachtet, ist man auf Facebook mit jedem gleich gut befreundet.

Die Mathematik vereinfacht Situationen und stellt sie daher längst nicht immer perfekt dar. Nehmen wir eine der Standardaufgaben in der Physik: Jemand feuert eine Kanone auf eine Burg ab, wo schlägt die Kanonenkugel ein? Um diese Frage mathematisch zu beantworten, müssen wir mit Wurzeln rechnen, und so ergeben sich zwei unterschiedliche Antworten: Die Kugel trifft die Burg in 100 Meter Entfernung vor der Kanone oder sie schlägt 100 Meter hinter der Kanone ein. Als ob eine Kanonenkugel jemals in die entgegengesetzte Richtung fliegen könnte. So eine Lösung ist völlig unsinnig, sie ist also «falsch».

Solange es um Zahlen geht, kann man ohne Weiteres der Ansicht sein, dass Mathematik nützlich ist; sie passt in diesen Fällen genau auf die Situationen, die wir in unserer Welt vorfinden. Hier geht die Rechnung also auf, wir müssen nur gut darauf achten, was wir zählen. Werden die Probleme jedoch schwieriger und ergeben sich Differenzen, dann führt die Mathematik zu Ergebnissen, die nicht unbedingt damit übereinstimmen, was sich in der Realität abspielt. Doch auch in diesen Fällen gibt es noch genügend Übereinstimmungen, um daran festzuhalten, dass die Mathematik hilfreich ist. Wir wissen sehr wohl, dass die Kanonenkugel nicht nach hinten fliegt, und aus diesem Grund können wir die Berechnungen verwenden.

Wie funktioniert das nun genau? Welche Übereinstimmungen müssen bestehen, damit die Mathematik nützlich sein kann? Wie viele Fehler darf sie enthalten? Wir wissen es nicht. In der Philosophie wird dieses Thema gerade heiß diskutiert. Zu warten, bis sich die Philosophen einig geworden sind, ist wohl kaum eine gute Idee, daher begnügen wir uns vorläufig damit, dass diese Übereinstimmungen zumindest mit dazu beitragen, die Anwendbarkeit der Mathematik zu erklären. Mathematik weist uns auf Strukturen hin, die wir ansonsten übersehen würden. Sie macht es einfacher, Details außer Acht zu lassen und unsere Aufmerksamkeit auf das eigentliche Problem zu richten.

Ist das alles Zufall?

Letztlich geht es also um Übereinstimmungen, wenn vom Nutzen der Mathematik die Rede ist. Aber woher kommen sie? Fallen sie einfach vom Himmel oder mussten Mathematiker hart daran arbeiten, eine anwendungstaugliche Mathematik zu kreieren? So ganz klar ist die Antwort noch nicht. Sehen wir uns einmal an, worauf die Mathematiker selbst Wert legten. Archimedes, dem wir eine Vielzahl praktischer Entdeckungen verdanken, hielt seinen Satz über eine Kugel, einen Zylinder und einen Kegel für seinen bedeutsamsten. Doch gerade diese Entdeckung hatte keinen praktischen Nutzen. Was hat man schon davon, ausrechnen zu können, wie viel man von einem Zylinder wegnehmen muss, um einen Kegel zu erhalten? Das lässt sich ohne Weiteres auch herausfinden, indem man es ausprobiert.

Mathematiker scheren sich oft nicht um Anwendungsfragen. Daher scheint es fast reiner Zufall zu sein, dass die Mathematik so praktisch ist; womöglich nicht, was Zahlen und Geometrie angeht, sehr wohl aber in Bezug auf den Rest. Arithmetik und Geometrie hatten ihren Ursprung in ganz praktischen Problemen. Im dritten Kapitel haben wir gesehen, dass sich administrative Probleme ergaben, als man begann, in immer größeren Gruppen zusammenzuleben. Stadtstaaten mussten eine effizientere Möglichkeit finden, Steuern zu erheben, Nahrungsvorräte zu verwalten und für die Zukunft zu planen. Das Resultat waren Zahlen.

Diese Zahlen entwickelten sich zuerst langsam. In Mesopotamien verwendete man Rechensteine und verfügte so über ein praktisches Verfahren, um zu erfassen, wie viel man von einem Handelsgut besaß: Man nahm einfach genauso viele Steine mit, wie es Waren gab. Diese Steine wurden nach einer gewissen Zeit von Zeichen auf Tontäfelchen abgelöst; diese ließen sich einfacher mitnehmen als ein Haufen Steine. Kurzum: Man hat damit begonnen, Zahlen zu verwenden, weil sie nützlich waren. Die ersten Rechenaufgaben waren ausgesprochen praktischer Natur, und das war gewiss kein Zufall. Diese Mathematik war und ist nützlich, weil sie zur Lösung eines schwierigen Problems erfunden wurde.

Einige Jahrhunderte später ist das Bild nicht mehr ganz so deutlich. In verschiedenen Kulturen begannen Mathematiker, nun auch nutzlose Probleme zu untersuchen. Sie setzten einiges daran, diese Probleme zu lösen, aber mehr aus Prestigegründen als aus Nützlichkeitserwägungen. Das ist noch immer so. Denn gerade dieser «nutzlosen» Mathematik zollen wir heute den größten Respekt. Nehmen Sie nur die Griechen, an die wir uns vor allem ihrer großen Abstraktionsleistungen wegen erinnern. Und der Tunnel, den sie damals gegraben haben? Vergessen. Pythagoras, der war das Mathe-Ass. Eupalinos, der den Tunnel berechnet hat, kennt heute eigentlich niemand mehr.

Ob sie nun prestigeträchtig waren oder nicht, anwendbar sind die Erkenntnisse der griechischen Mathematiker durchaus. Der Satz des Pythagoras bietet in der Praxis die Möglichkeit festzustellen, ob ein Dreieck rechtwinklig ist. Auch für viele von Archimedes' Einsichten gibt es unmittelbare Anwendungsmöglichkeiten. Für noch kompliziertere mathematische Gebiete wie die Integral- und Differenzialrechnung, die Wahrscheinlichkeitsrechnung und die Graphentheorie gibt es diese ebenfalls – in Hülle und Fülle. Besieht man sich die Geschichte genau, ist auch das oft kein Zufall.

Wie verhielt es sich beispielsweise mit den Integralen und Differenzialen: Newton und Leibniz wussten sofort, dass sie bedeutsam werden würden. Newton verwendete sie gleich für seine eigene Physik, obwohl sich das noch recht mühsam gestaltete. Die direkte Anwendung dieser Mathematik war ihnen möglich, weil der Grundgedanke hinter dieser Theorie sehr einfach war: Sie wollten Veränderungen untersuchen. Veränderung sehen wir überall um uns herum. Diese Veränderung lässt sich sogar in der Mathematik selbst wahrnehmen, wenn man sie sich so wie Newton vor Augen führt, der in seiner Vorstellung über einen Graphen lief. Die Idee ist hier wohl etwas abstrakter, aber darum nicht weniger relevant.

Eine Methode zur Berechnung von Veränderung ist logischerweise anwendbar. Hier ist die Anwendbarkeit der Mathematik also kein Zufall mehr. Ähnlich verhält es sich auch in anderen Fällen. Am Beginn der Wahrscheinlichkeitsrechnung standen Spiele, die vorzeitig beendet wurden. Mit Umfragen, Krankheiten oder Kriminalitätsraten scheint das nichts zu tun zu haben, indirekt hat es das aber sehr wohl. Die Mathematiker befassten sich nämlich mit der Frage: Wie berechnet man etwas, worüber man kein sicheres Wissen hat? Wie geht man auf eine präzise Weise mit Ungewissheit um?

Ungewissheit begegnet uns auf Schritt und Tritt. Verfügt man über eine Methode, mit Ungewissheit zu rechnen, kann man diesen Bereich der Mathematik auch dazu nutzen, die Welt, in der wir leben, zu erforschen. Die Anwendung der Wahrscheinlichkeitsrechnung gestaltete sich allerdings nicht ganz so einfach. Es hat buchstäblich Jahrhunderte gedauert, bis wir Umfragen durchführen konnten, deren Exaktheit mathematisch berechenbar war. Der Punkt ist, dass sich diese Anwendungsmöglichkeiten nicht zufällig ergaben; als das Interesse von Mathematikern an der Ungewissheit geweckt war, arbeiteten sie an Problemlösungen, die schließlich zur Erforschung konkreter Ungewissheiten in unserer Welt verwendet werden konnten.

Selbst bei der Graphentheorie war das der Fall. Auch Eulers Fachgebiet nahm seinen Anfang in einer Art spielerischer Knobelaufgabe: dem Königsberger Brückenproblem. Diese Knobelaufgabe selbst hatte keinen besonderen Nutzen, denn welche Rolle spielt es schon, dass sich kein mathematisch schöner Spaziergang durch das Zentrum dieser Stadt finden lässt? Auch die dahinterliegende Idee erschließt sich nicht unmittelbar. Spaziergänge scheinen mit Fahrplänen und Suchmaschinen nichts zu tun zu haben. Es sei denn, wir betrachten alles etwas allgemeiner, was uns im Nachhinein natürlich leichter fällt. Euler analysierte ein Netzwerk, also die Art und Weise, wie verschiedene Orte miteinander verbunden sind. Derartigen Netzwerken begegnen wir häufiger, als man denkt.

Und heutzutage mehr als je zuvor. Soziale Netzwerke sind dafür ein naheliegendes Beispiel, aber es gibt noch viele andere Beispiele. Verkehrsnetze lassen sich mit der Graphentheorie ebenso gut erforschen, desgleichen Schienennetze zur Erstellung von Fahrplänen, Netzwerke von Filmen und Serien oder Netzwerke von Genen, die sich in ihren Verhaltensweisen gegenseitig beeinflussen. Die Graphentheorie ist die allgemeine Lehre der Netzwerke und ihrer Eigenschaften, daher ist es auch hier kein Zufall, dass sie sich anwenden lässt.

Die abstrakten Erkenntnisse der Mathematik werden also oft von Dingen inspiriert, denen wir in unserem Alltag begegnen. Es ist daher nur zu verständlich, dass sich diese mathematischen Teilgebiete im Nachhinein dazu verwenden lassen, die Welt, in der wir leben, zu begreifen. Die Mathematik ist nützlich und das aus gutem Grund.

Mathematik hilft

Nun haben wir schon zwei große Fragen thematisiert: Wodurch wird Mathematik nützlich? Und ergibt sich diese Nützlichkeit rein zufällig? Stellt sich noch die Frage: Warum sollte man Mathematik überhaupt auf diese Weise verwenden wollen? Wie bereits erwähnt, verhilft uns die Mathematik nicht dazu, etwas völlig Neuartiges zu tun. Im Prinzip wären wir auch ohne sie ausgekommen. Erinnern Sie sich nur an die Pirahã und die anderen im zweiten Kapitel erwähnten Kulturen. Sie haben ein wunderbares Leben und können mit Mengen, Formen, sozialen Gruppen, Veränderungen und Ähnlichem umgehen. Wenn ihnen jemand vormacht, wie man Maschinen baut, können sie problemlos jeden einzelnen dieser Schritte nachmachen. Die Mathematik steckt schließlich nicht in den Maschinen oder Bauwerken. Auch ohne das Zutun der Mathematik ist der Mensch zu all dem in der Lage, es ist lediglich viel mühsamer.

Die strukturellen Übereinstimmungen mit der realen Welt, die die Nützlichkeit der Mathematik ermöglichen, vereinfachen nämlich praktische Probleme. Mathematik simplifiziert die Wirklichkeit. Wenn man nur auf die Strukturen achtet, braucht man alles andere nicht im Blick zu behalten. Der Unterschied zwischen 21 und 22 Broten ist nicht leicht zu erkennen, es sei denn, man ordnet die Brote ordentlich in zwei Reihen an. Auf diese Weise sieht man nämlich, dass eine der beiden Brotreihen länger ist: Das ist es im Grunde, was die Mathematik für uns leistet.

Denken Sie auch noch einmal an die Wettervorhersagen zurück. Sie wären auch ohne Mathematik möglich, und sehr lange haben wir sie auch so erstellt. Man beobachtet einfach sehr genau das aktuelle Wetter und denkt dann darüber nach, wie es sich wohl verändern wird. Angenommen, man sieht, dass der Wind aus Osten kommt, und weiß, dass er viel Feuchtigkeit enthält. Dann wird es bestimmt bald regnen. Allerdings ist es nicht leicht, all diese kleinen Unterschiede und Veränderungen selbst nachzuverfolgen. Es verändert sich so viel, und das geht so schnell, dass wir schlichtweg nicht dazu in der Lage sind. Wir haben einfach nicht die Zeit dazu. Natürlich könnte man das alles in einem großen Buch notieren und in den nächsten hundert Jahren daran herumknobeln, doch damit wäre niemandem gedient.

Mathematik hilft uns hingegen, uns auf die wichtigsten Elemente des Wetters, wie etwa die Luftströme und deren Veränderungen im Laufe der Zeit, zu konzentrieren. Natürlich ist es auch hilfreich, dass ein Computer diese mathematischen Berechnungen für uns durchführen kann. Denn ansonsten wäre es trotz allem nicht praktikabel, das Wetter mittels Formeln zu prognostizieren. Das gelingt uns nur dank Differenzialen und Integralen. Ohne diesen Teilbereich der Mathematik könnten wir einen Computer keine Wettervorhersage erstellen lassen.

Mathematik ist also hilfreich, weil sie Probleme klarer und verständlicher macht. Wir nutzen einen Bereich der Mathematik, weil es eine strukturelle Übereinstimmung zwischen der Mathematik und der Realität gibt. Dank dieser Übereinstimmung können wir die Details, denen wir in der Welt begegnen, außer Acht lassen. Wir können die Zeit kurz anhalten, um in Ruhe alle Elemente des Wetters zu betrachten. Wir können die Unterschiede zwischen den Menschen für einen Moment ignorieren, um uns nur auf ihr durchschnittliches Einkommen oder ihre politische Orientierung zu konzentrieren. Das macht die Lösung von Problemen wesentlich einfacher.

Auf diese Weise funktioniert vieles im Bereich der Mathematik, die in diesem Buch zur Sprache gekommen ist. Aber hin und wieder ist die Mathematik auch aus einem ganz anderen Grund praktisch: Sie kann neue Antworten liefern. Beispiele dafür haben wir im ersten Kapitel gesehen. In der Physik etwa sorgt die Mathematik immer wieder für Überraschungen.

Die beiden Wissenschaftler Dirac und Fresnel kamen neuen Phänomenen aufgrund eines seltsamen Ergebnisses in ihren Berechnungen auf die Spur. Sie sahen – ebenso wie in der Aufgabe mit der Kanonenkugel – ein Ergebnis, das unsinnig erschien. Natürlich fliegen Kanonenkugeln nicht nach hinten! Doch in ihren Forschungsbereichen, der Teilchenphysik und dem Verhalten des Lichts, geschah das in gewisser Weise schon. Die Mathematik passte hier besser zur Wirklichkeit als erwartet, denn sie offenbarte Phänomene, die man bisher noch nicht erkannt hatte.

Wie ist das möglich? Ehrlich gesagt: keine Ahnung. Es ist und bleibt ein Rätsel, aus welchen Gründen die Mathematik so gut funktioniert. Wenn sie denn tatsächlich so gut funktioniert und wir in diesen Fällen nicht einfach nur Glück gehabt haben. Während es ziemlich offensichtlich ist, in welcher Weise die Mathematik Probleme vereinfacht, ist es noch unklar, wie sie zum Auffinden neuer Theorien beitragen kann. Wie es möglich ist, dass manche merkwürdigen mathematischen Ergebnisse zu neuen Entdeckungen führen. Das macht die Mathematik nicht weniger einzigartig.

Diese neuen Entdeckungen ergeben sich in der Regel in der Wissenschaft. Die meisten von uns berechnen wahrscheinlich nicht oft genug etwas, um selbst auf merkwürdige mathematische Vorhersagen zu treffen. Mathematik ist in unserem Alltag nützlich, weil sie die Welt, in der wir leben, klarer und verständlicher macht, selbst wenn wir diese Mathematik selbst nicht aktiv einsetzen. Nein, nach unserer Schulzeit müssen wir keine Integrale mehr berechnen. Mit diesen Formeln, auf die wir in der Oberstufe wie gebannt starrten, kommen wir danach kaum noch in Berührung. Selbst ich, als Philosoph der Mathematik, habe damit nichts mehr zu tun. Warum poche ich dann so darauf, dass wir trotzdem etwas von Mathematik verstehen sollten?

Mathematik ist nicht das einzige Phänomen, mit dem wir tagtäglich indirekt in Berührung kommen. Wie verhält es sich zum Beispiel mit Automotoren und Politik? Beide haben einen beträchtlichen Einfluss auf unser Leben. Ohne Autos wären unsere eigene Mobilität *und* der Transport der Produkte, die wir konsumieren, wesentlich schwieriger zu gewährleisten. Ähnliches gilt für Politik. Im Allgemeinen kommen wir mit ihr nicht unmittelbar in Kontakt, und doch sind politische Entscheidungen für jeden von uns extrem wichtig. Automotoren und Politik: zwei Phänomene, die unser Leben indirekt stark beeinflussen. Müssen wir uns deshalb auch mit beidem auskennen?

Bei einem Automotor wäre das eine unsinnige Forderung, weil es für einen Autofahrer keine Rolle spielt, wie ein Motor arbeitet. Ihm geht es nur darum, *dass* er funktioniert. Eine andere Motorkonstruktion, etwa der Wechsel von einem Verbrennungs- zu einem Elektromotor, ändert in seinem Leben nichts. Autos fahren nach wie vor, und die Wirtschaft geht ihren gewohnten Gang. Der Elektromotor ist umweltfreundlicher, okay, aber das verändert die Dinge nicht grundlegend.

Bei Veränderungen im politischen Bereich liegen die Dinge anders. Der Wechsel von einer Demokratie zu einem autoritären System macht sich sehr wohl bemerkbar. Auch kleine Unterschiede, etwa ob ein Gesetz verabschiedet oder abgelehnt wird, können Einfluss auf unseren Alltag haben. Kein Wunder also, dass wir alle in der Schule lernen, wie das politische System aufgebaut ist. Obwohl uns die Politik manchmal fern ist, ist es doch von einiger Bedeutung zu wissen, wie Politik funktioniert. Nur weil wir nicht täglich mit ihr in Berührung kommen, ist es nicht weniger wichtig, nachvollziehen zu können, was sich auf der politischen Bühne abspielt.

So verhält es sich auch mit der Mathematik, selbst wenn es hinsichtlich der verschiedenen Teilbereiche der Mathematik Unterschiede gibt. Sehr theoretische Gebiete wie die Mengenlehre haben kaum etwas mit unserem Alltag zu tun. Aus diesem Grund kommen sie in diesem Buch auch nicht vor. Auch innerhalb der Gebiete, die häufig Anwendung finden, gibt es Unterschiede. Integrale und Differenziale sind sehr wichtig, haben aber mehr Ähnlichkeit mit Automotoren als mit Politik. Wenn man eine andere Methode zur Berechnung von Veränderungen finden würde, wäre das auch in Ordnung. Es gibt sogar eine Reihe unterschiedlicher Versionen der Integral- und Differenzialrechnung und es spielt eigentlich keine Rolle, welche wir verwenden. Wir erhalten damit dieselben Wettervorhersagen, dieselben Gebäude und dieselben Wahlprognosen. Es ist vor allem wichtig, *dass* die Methode funktioniert. Wir müssen nicht kritisch über ihre Funktionsweise nachdenken können.

Integrale und Differenziale werden in so vielfältiger Weise verwendet, dass es nicht schaden kann, sich damit auszukennen. Sie begegnen uns in vielen Berufsfeldern, darüber hinaus haben sie auch eine wichtige Rolle bei der Entwicklung unserer modernen Gesellschaft gespielt. Im fünften Kapitel habe ich schon darauf hingewiesen, dass man mathematisches Wissen mit historischem Wissen vergleichen kann. Dieses hilft uns zu verstehen, wie sich die Welt, in der wir leben, entwickelt hat, warum die Dinge heute so sind, wie sie sind. Es vermittelt uns ein besseres Verständnis der Gesellschaft. So verhält es sich auch mit Integralen und Differenzialen. Newtons und Leibniz' Idee gehört zu den einflussreichsten Ideen der Menschheitsgeschichte. Es ist daher nicht weniger als logisch, dass man etwas darüber lernt, selbst wenn die Details der Berechnungen für unseren Alltag nicht unmittelbar von Bedeutung sind.

Statistik hat allerdings durchaus einen erheblichen Einfluss auf unser alltägliches Leben. Die Art und Weise, wie die Steigerung des Durchschnittseinkommens berechnet wird, wirkt sich stark auf das Ergebnis aus – und damit auch auf unser Bild der Gesellschaft. Dasselbe gilt auch für Umfragen, Informationen über Einkommensunterschiede zwischen Männern und Frauen und die Ergebnisse wissenschaftlicher Studien. Solange alles mit rechten Dingen zugeht, kann Statistik enorm hilfreich für uns sein, da sie den Überblick über große Datenmengen ermöglicht und uns Zusammenhänge erkennen lässt, die wir sonst womöglich übersehen hätten. Das Problem ist, dass es bei Weitem nicht immer mit rechten Dingen zugeht. Statistiken können ebenso leicht eingesetzt oder manipuliert werden, um unser Bild der Wirklichkeit zu verzerren.

Welche Methode verwendet wird, wie eine Umfrage angelegt wird und worauf ein Durchschnittswert basiert: Das alles wirkt sich stark auf das Bild aus, das wir uns von der Welt machen, sowie auf die Informationen, auf die wir unsere Entscheidungen stützen. Damit wir uns selbst eine Meinung bilden können, müssen wir in der Lage sein, die Zahlen kritisch zu betrachten. Ebenso wie wir dazu in der Lage sein müssen, die Politik kritisch zu hinterfragen und nicht alles, was die Politiker sagen, für bare Münze zu nehmen. Mathematische Kenntnisse sind dafür unverzichtbar. Nicht um eigene Berechnungen anzustellen, sondern um zu kapieren, wo etwas falsch laufen könnte. Mit Statistik hat man im Alltag sehr wohl zu tun.

Zu guter Letzt gibt es die Graphentheorie. Auch sie übt einen enormen und immer stärker werdenden Einfluss auf unser Leben aus. Unternehmen wie Google und Facebook verwenden sie, um zu entscheiden, welche Informationen wir überhaupt zu Gesicht bekommen. Daher überragt ihre Bedeutung noch jene der Statistik: Eine Veränderung der Art, wie Google Graphen verwendet, kann zur Folge haben, dass wir plötzlich ganz andere Informationen zu sehen bekommen. Dass wir nicht nur irregeführt werden, sondern auch kaum mehr andere Informationen finden. Das lässt sich gegenwärtig an den sogenannten Informationsblasen beobachten, in denen Menschen vor allem mit Gleichgesinnten in Kontakt kommen.

Die Graphentheorie zeigt uns, wie wir über Websites wie Google an Informationen gelangen. Mindestens genauso wichtig ist es, dass wir erkennen, was mit den Informationen passiert, die wir dafür preisgeben. Die vielen persönlichen Daten, die Google, Facebook und andere Internetunternehmen sammeln: Was können sie damit anfangen? Wer bekommt sie zu sehen? Und welche Teile der Datensammlung verlaufen vollkommen automatisch? Das sind Fragen, die uns heute umtreiben. Um darauf wirklich gute Antworten zu erhalten, benötigt man Mathematik; erst auf dieser Grundlage kann man darüber nachdenken, was geht und was nicht geht, wie künstliche Intelligenz genau funktioniert und wo die Gefahren liegen.

Wer hat schon genug Zeit, sich um das alles zu kümmern? Zeit, jede Zahl, auf die man trifft, zu kontrollieren, über die neuesten Entwicklungen im Bereich der künstlichen Intelligenz informiert zu sein und dann auch noch ein normales Leben zu führen? Das hat niemand, und das ist auch nicht nötig. Wir kommen aber schon ziemlich weit, wenn wir nur die Grundlagen verstehen. So können wir im Falle eines Falles merkwürdige Ergebnisse einer Studie oder überraschende Umfrageergebnisse kritisch unter die Lupe nehmen und uns aktiver an dem Denkprozess darüber beteiligen, welche Daten wir preisgeben wollen und welche nicht. Mit etwas Mathematik im Handgepäck haben wir eine viel klarere Vorstellung davon, was mit diesen Daten passiert.

Mittels Mathematik, vor allem auch mittels der anspruchsvolleren Gebiete der Mathematik, gewinnen wir einen besseren Einblick in die Welt, in der wir leben. Es stimmt natürlich, in unserem normalen Alltagsleben berechnet man so etwas kaum. Aber – so würde ich meinem damaligen fünfzehnjährigen Ich heute entgegenhalten – womit wir uns durchaus täglich konfrontiert sehen, ist das, was auf mathematischer Berechnung beruht. Bauwerke in verrückten Formen und Wettervorhersagen. Umfragen und Prognosen, die auf einer Menge von Daten beruhen. Suchmaschinen und künstliche Intelligenz. Phänomene, die man erheblich besser versteht, wenn man auch die Grundideen der Mathematik versteht. Gerade heute, in einer Zeit, in der die Welt immer komplexer wird, brauchen wir etwas, um diese Komplexität besser in den Griff zu bekommen. Genau das ist es, was die Mathematik tut, und zudem noch auf eine Art und Weise, die wesentlich verständlicher ist, als wir oft annehmen.

Literatur

Barner, D., Thalwitz, D., Wood, J., et al. (2007). On the relation between the acquisition of singularplural morpho-syntax and the conceptual distinction between one and more than one. *Developmental Science* 10 (3): 365–373.

Batterman, R. (2009). On the explanatory role of mathematics in empirical science. *The British Journal for the Philosophy of Science*: 1–25.

Bauchau, O., & Craig, J. (2009). *Structural Analysis: With Applications to Aerospace Structures*. Dordrecht, Springer.

Bianchini, M., Gori, M., & Scarselli, F. (2005). Inside Pagerank. *ACM Transactions on Internet Technology* 5 (1): 92–128.

Boyer, C. (1970). The History of the Calculus. *The Two-Year College Mathematics Journal* 1 (1): 60–86.

Brin, S., & Page, L. (1998). The Anatomy of a Large-Scale Hypertextual Web Search Engine. *Computer Networks and ISDN Systems* 30: 107–117.

Bueno, O., & Colyvan, M. (2011). An Inferential Conception of the Application of Mathematics. *Noûs* 45 (2): 345–374.

Buijsman, S. (Online-Veröffentlichung). Learning the Natural Numbers as a Child. *Noûs*.

Burton, D. (2011). *The History of Mathematics: An Introduction,* 7. Aufl. McGraw-Hill.

Carey, S. (2009). Where Our Number Concepts Come From. *Journal of Philosophy* 106 (4): 220–254.

Cartwright, B., & Collett, T. (1982). How Honey Bees Use Landmarks to Guide Their Return to a Food Source. *Nature* 295: 560–564.

Chemla, K. (1997). What Is at Stake in Mathematical Proofs from Third-Century China? *Science in Context* 10 (2): 227–251.

Chemla, K. (2003). Generality Above Abstraction: The General Expressed in Terms of the Paradigmatic in Mathematics in Ancient China. *Science in Context* 16 (3): 413–458.

Cheng, K. (1986). A Purely Geometric Module in the Rat's Spatial Representation. *Cognition* 23: 149–178.

Christensen, H. (2015). Banking on Better Forecasts: The New Maths of Weather Prediction. *The Guardian* 8. Januar 2015. Online unter https://

www.theguardian.com/science/alexs-adventures-in-numberland/
2015/jan/08/banking-forecasts-maths-weather-predictionstochas
tic-processes

Colyvan, M. (2001). The Miracle of Applied Mathematics. *Synthese* 127 (3): 265–278.

Cullen, C. (2002). Learning from Liu Hui? A Different Way to Do Mathematics. *Notices of the AMS* 49 (7): 783–790.

Dehaene, S., Bossini, S., & Giraux, P. (1993). The Mental Representation of Parity and Number Magnitude. *Journal of Experimental Psychology: General* 122: 371–396.

Dehaene, S., Izard, V., Pica, P., et al. (2006). Core Knowledge of Geometry in an Amazonian Indigene Group. *Science* 311: 381–384.

Doeller, C., Barry, C., & Burgess, S. (2010). Evidence for Grid Cells in a Human Memory Network. *Nature* 463: 657–661.

Dorato, M. (2005). The Laws of Nature and The Effectiveness of Mathematics. In: *The Role of Mathematics in Physical Sciences*. Dordrecht, Springer: 131–144.

Edwards, C. (1979). *The Historical Development of the Calculus*. Dordrecht, Springer.

Englund, R. (2000). Hard Work – Where Will It Get You? Labor Management in Ur III Mesopotamia. *Journal of Near Eastern Studies* 50 (4): 255–280.

Ekstrom, A., Kahana, M., Caplan, J., et al. (2003). Cellular Networks Underlying Human Spatial Navigation. *Nature* 425: 184–187.

Epstein, R., & Kanwisher, N. (1998). A Cortical Representation of the Local Visual Environment. *Nature* 392: 598–601.

Everett, D. (2005). Cultural Constraints on Grammar and Cognition in Pirahã: Another Look at the Design Features of Human Language. *Current Anthropology* 46 (4): 621–646.

Ezzamel, M., & Hoskin, K. (2002). Retheorizing Accounting, Writing and Money with Evidence from Mesopotamia and Ancient Egypt. *Critical Perspectives on Accounting* 13: 333–367.

Feigenson, L., & Carey, S. (2003). Tracking Individuals via Object-Files: Evidence from Infants Manual Search. *Developmental Science* 6 (5): 568–584.

Feigenson, L., Carey, S., & Hauser, M. (2002). The Representations Underlying Infants' Choice of More: Object Files versus Analog Magnitudes. *Psychological Science* 13 (2): 150–156.

Feigenson, L., Dehaene, S., & Spelke, E. (2004). Core systems of Number. *Trends in Cognitive Sciences* 8 (7): 307–314.

Ferreirós, J. (2015). *Mathematical Knowledge and the Interplay of Practices*. Princeton, Princeton University Press.

Fias, W., & Fischer, M. (2005). Spatial Representation of Number. In: Campbell, J. (Hg.), *Handbook of Mathematical Cognition*. New York, Psychology Press: 43–54.

Fias, W., Van Dijck, J., & Gevers, W. (2011). How Is Number Associated with Space? The Role of Working Memory. In: Dehaene, S., & Brannon, E. (Hg.), *Space, Time and Number in the Brain: Searching for the Foundations of Mathematical Thought*. Amsterdam, Elsevier Science: 133–148.

Fienberg, S. (1992). A Brief History of Statistics in Three and One-Half Chapters: A Review Essay. *Statistical Science* 7 (2): 208–225.

Fischer, R. (1956). Mathematics of a Lady Tasting Tea. In: Newman, J. (Hg.), *The World of Mathematics*, bk. III, dl. VIII, Statistics and Design of Experiments. New York, Simon & Schuster: 1514–1521.

Franceschet, M. (2011). PageRank: Standing on the Shoulders of Giants. *Communications of the ACM* 54 (6): 92–101.

Frank, M., Everett, D., Fedorenko, E., et al. (2008). Number as a Cognitive Technology: Evidence from Pirahã Language and Cognition. *Cognition* 108: 819–824.

Freedman, D. (1999). From Association to Causation: Some Remarks on the History Of Statistics. *Journal de la société française de statistique* 140 (3): 5–32.

Fresnel, A. (1831). Über das Gesetz der Modificationen, welche die Reflexion dem polarisirten Lichte einprägt. *Annalen der Physik* 98 (5): 90–126.

Geisberger, R., Sanders, P., Schultes, D., & Delling, D. (2008). Contraction Hierarchies: Faster and Simpler Hierarchical Routing in Road Networks. In: McGeoch, C. C. (Hgs.), Experimental Algorithms. WEA 2008. *Lecture Notes in Computer Science*, Bd. 5038, 319–333. Springer, Berlin, Heidelberg.

Gleich, D. (2015). PageRank Beyond the Web. *SIAM Review* 57 (3): 321–363.

Gordon, P. (2004). Numerical Cognition without Words: Evidence from Amazonia. *Science* 306: 496–499.

Gori, M., & Pucci, A. (2007). ItemRank: A Random-Walk Based Scoring Algorithm for Recommender Engines. *IJCAI'07 Proceedings of the 20th International Joint Conference on Artificial Intelligence:* 2766–2771.

Hamming, R. (1980). The Unreasonable Effectiveness of Mathematics. *American Mathematical Monthly* 87 (2): 81–90.

Hensley, S. (2008). Too Much Safety Makes Kids Fat. *Wall Street Journal,* 13. August 2008. Online unter https://blogs.wsj.com/health/2008/08/13/too-much-safety-makeskids-fat/

Hermer, L., & Spelke, E. (1994). A Geometric Process for Spatial Re-orientation in Young Children. *Nature* 370: 57–59.

Hodgkin, L. (2005). *A History of Mathematics: From Mesopotamia to Modernity*. Oxford, Oxford University Press.

Høyrup, J. (2001). Early Mesopotamia: A Statal Society Shaped by and Shaping Its Mathematics. Beitrag zu *Les mathématiques et l'état*, CIRM Luniny, 15.–19. Oktober 2001. Fotokopie, Roskilde University. Online unter http://akira.ruc.dk/~jensh/Publications/2001%7BK%7D04_Luminy.pdf

Høyrup, J. (2007). The Roles of Mesopotamian Bronze Age Mathematics: Tool for State Formation and Administration – Carrier of Teachers' Professional Intellectual Autonomy. *Educational Studies in Mathematics* 66: 257–271.

Høyrup, J. (2014a). A Hypothetical History of Old Babylonian Mathematics: Places, Passages, Stages, Development. *Ganita Bhārati* 34: 1–23.

Høyrup, J. (2014b). Written Mathematical Traditions in Ancient Mesopotamia: Knowledge, Ignorance, and Reasonable Guesses. In: Bawanypeck, D., & Imhausen, A. (Hg.), *Traditions of Written Knowledge in Ancient Egypt and Mesopotamia*. Proceedings of Two Workshops Held at Goethe Universität, Frankfurt/Main, Dezember 2011 und Mai 2012. Münster.

Huff, D. (1956). *Wie lügt man mit Statistik*. Zürich, Sansoussi Verlag.

Imhausen, A. (2003a). Calculating the Daily Bread: Rations in Theory and Practice. *Historia Mathematica* 30: 3–16.

Imhausen, A. (2003b). Egyptian Mathematical Texts and Their Contexts. *Science in Context* 16 (3): 367–389.

Imhausen, A. (2006). Ancient Egyptian Mathematics: New Perspectives on Old Sources. *The Mathematical Intelligencer* 28 (1): 19–27.

Izard, V., Pica, P., Spelke, E., et al. (2011). *Proceedings of the National Academy of Sciences* 108 (24): 9782–9787.

Kennedy, C., Blumenthal, M., Clement, S., et al. (2017). An Evaluation of 2016 Election Polls in the U.S. American *Association for Public Opinion Research*, Bericht veröffentlicht, 4. Mai 2017. Online unter https://www.aapor.org/Education-Resources/Reports/An-Evaluation-of-2016-Election-Polls-in-the-U-S.aspx

Kleiner, I. (2001). History of the Infinitely Small and the Infinitely Large in Calculus. *Educational Studies in Mathematics* 48: 137–174.

Langville, A., & Meyer, C. (2004). Deeper Inside PageRank. *Internet Mathematics* 1 (3): 335–380.

Lax, P., & Terrell, M. (2014*). Calculus With Applications*. Dordrecht, Springer.

Lee, S., Spelke, E., & Vallortigara, G. (2012). Chicks, like Children, Spontaneously Reorient by Three-Dimensional Environmental Geometry, Not by Image Matching. *Biology Letters* 8 (4): 492–494.

Li, P., Ogura, T., Barner, D., et al. (2009). Does the Conceptual Distinction Between Singular and Plural Sets Depend on Language? *Developmental Psychology* 45 (6): 1644–1653.

Lützen, J. (2011). The Physical Origin of Physically Useful Mathematics. *Interdisciplinary Science Reviews* 36 (3): 229–243.

Madden, D., & Keri, A. (2009). The Mathematics behind Polling. Online unter http://math.arizona.edu/~jwatkins/505d/Lesson_12.pdf

Malet, A. (2006). Renaissance Notions of Number and Magnitude. *Historia Mathematica* 33: 63–81.

Melville, D. (2002). Ration Computations at Fara: Multiplication or Repeated Addition? In: Steele, J., & Imhausen, A. (Hg.), Under One Sky: *Astronomy and Mathematics in the Ancient Near East*. Münster, Ugarit-Verlag: 237–252.

Melville, D. (2004). Poles and Walls in Mesopotamia and Egypt. *Historia Mathematica* 31: 148–162.

Mercer, A., Deane, C., & McGeeny, K. (2016). Why 2016 Election Polls Missed Their Mark. *Pew Research Center*, 9. November 2016. Online unter http://www.pewresearch.org/fact-tank/2016/11/09/why-2016-election-polls-missed-their-mark/

Morrisson, J., Breitling, R., Higham, D., et al. (2005). GeneRank: Using Search Engine Technology for the Analysis of Microarray Experiments. *BMC Bioinformatics* 6: 233.

Negen, J., & Sarnecka, B. (2012). Number-Concept Acquisition and General Vocabulary Development. *Child Development* 83 (6): 2019–2027.

Nuerk, H., Moeller, K., & Willmes, K. (2015). Multi-digit Number Processing: Overview, Conceptual Clarifications, and Language Influences. In: Kadosh, C., Dowker, A. (Hg.), *The Oxford Handbook of Numerical Cognition*. Oxford, Oxford University Press: 106–139.

Núñez, R. (2017). Is There Really an Evolved Capacity for Number? *Trends in Cognitive Sciences* 21: 409–424.

Owens, K. (2001a). Indigenous Mathematics – A Rich Diversity. In: *Proceedings of the Eighteenth Biennial Conference of The Australian Association of Mathematics Teachers:* 157–167.

Owens, K. (2001b). The Work of Glendon Lean on the Counting Systems of Papua New Guinea and Oceania. *Mathematics Education Research Journal* 13 (1): 47–71.

Owens, K. (2012). Papua New Guinea Indigenous Knowledges about Mathematical Concept. *Journal of Mathematics and Culture* 6 (1): 20–50.

Owens, K. (2015). *Visuospatial Reasoning: An Ecocultural Perspective for Space, Geometry and Measurement Education*. Cham, Springer International Publishing.

Pica, P., Lemer, C., Izard, V., et al. (2004). Exact and Approximate Arithmetic in an Amazonian Indigene Group. *Science* 306 (5695): 499–503.

Pincock, C. (2004). A New Perspective on the Problem of Applying Mathematics. *Philosophia Mathematica* 12 (2): 135–161.

Pucci, A., Gori, M., & Maggini, M. (2006). A Random-Walk Based Scoring Algorithm Applied to Recommender Engines. In: Nasraoui, O., Spiliopoulou, M., Srivastava, J., et al. (Hg.), *Advances in Web Mining and Web Usage Analysis*. WebKDD 2006. Lecture Notes in Computer Science, Bd. 4811. Heidelberg, Berlin, Springer: 127–146.

Radford, L. (2008). Culture and Cognition: Towards an anthropology of mathematical thinking. In: English, L. (Hg.), *Handbook of International Research in Mathematics Education*. 2. Aufl. New York, Routledge: 439–464.

Rice, M., & Tsotras, V. (2012). *Bidirectional A* Search with Additive Approximation Bounds*. SOCS.

Ritter, J. (2000). Egyptian Mathematics. In: Selin, H. (Hg.), *Mathematics Across Cultures: The History of Non-Western Mathematics*. Dordrecht, Kluwer Academic Publishers: 115–136.

Robson, E. (2000). The Uses of Mathematics in Ancient Iraq, 6000–600 BC. In: Selin, H. (Hg.), *Mathematics Across Cultures: The History of Non-Western Mathematics*. Dordrecht, Kluwer Academic Publishers: 93–113.

Robson, E. (2002). More than Metrology: Mathematics Education in an Old Babylonian Scribal School. In: Imhausen, A., & Steele, J. (Hg.), *Under One Sky: Mathematics and Astronomy in the Ancient Near East*. Münster, Ugarit-Verlag: 325–365.

Sanders, P., & Schultes, D. (2012). Engineering Highway Hierarchies. *Journal of Experimental Algorithms* 17, 1–6.

Sarnecka, B., Kamenskaya, V., Yamana, Y., et al. (2007). From Grammatical Number to Exact Numbers: Early Meanings of One, Two, and Three in English, Russian, and Japanese. *Cognitive Psychology* 55: 136–168.

Sarnecka, B., & Lee, M. (2009). Levels of Number Knowledge During Early Childhood. *Journal of Experimental Child Psychology* 103: 325–337.

Schlote, A., Crisostomi, E., Kirkland, S., et al. (2012). Traffic Modelling Framework for Electric Vehicles. *International Journal of Control* 85 (7): 880–897.

Schrijver, A. (2008). Wiskunde achter het spoorboekje. *Pythagoras* 48 (2): 8–12.

Shafer, G. (1990). The Unity and Diversity of Probability. *Statistical Science* 5 (4): 435–562.

Shaki, S., & Fischer, M. (2008). Reading Space into Numbers – a Cross-Linguistic Comparison of the SNARC Effect. *Cognition* 108: 590–599.

Shaki, S., & Fischer, M. (2012). Multiple Spatial Mappings in Numerical Cognition. *Journal of Experimental Psychology: Human Perception and Performance* 38 (3): 804–809.

Spelke, E. (2011). Natural Number and Natural Geometry. In: Brannon, E., & Dehaene, S. (Hg.), *Time and Number in the Brain: Searching for the Foundations of Mathematical Thought Attention & Performance* XXIV. Oxford, Oxford University Press: 287–317.

Steiner, M. (1998). *The Applicability of Mathematics as a Philosophical Problem*. Cambridge, Harvard University Press.

Stigler, S. (1986). *The History of Statistics: The Measurement of Uncertainty before 1900*.Cambridge, Harvard University Press.

Syrett, K., Musolino, J., & Gelman, R. (2012). How Can Syntax Support Number Word Acquisition? *Language Learning and Development* 8: 146–176.

Tabak, J. (2004). *Probability and Statistics: The Science of Uncertainty*. New York, Facts on File.

The Economist (2017a). Crime and Despair in Baltimore: As America Gets Safer, Maryland's Biggest City Does Not. *The Economist*, 29. Juni 2017. Online unter https://www.economist.com/unitedstates/2017/06/29/crime-and-despair-in-baltimore

The Economist (2017b). The Gender Pay Gap: Women Still Earn a Lot Less than Men, Despite Decades of Equal-Pay Laws. Why? *The Economist*, 7. Oktober 2017. Online unter https://www.economist.com/international/2017/10/07/the-gender-pay-gap

The Economist (2018). The Average American Is Much Better Off Now than Four Decades Ago: Estimates of Income Growth Vary Greatly Depending on Methodology. *The Economist*, 31. März 2018. Online unter https://www.economist.com/finance-andeconomics/2018/03/31/the-average-american-is-much-better-offnow-than-four-decades-ago

Vargas, J., López, J., Salas, C., et al. (2004). Encoding of Geometric and Featural Spatial Information by Goldfish *(Carassius auratus)*. *Journal of Comparative Psychology* 118 (2): 206–216.

Wang, F., & Spelke, E. (2002). Human Spatial Representation: Insights from Animals. Trends in *Cognitive Science* 6 (9): 376–382.

Wassman, J., & Dasen, P. (1994). Yupno Number System and Counting. *Journal of Cross-Cultural Psychology* 25 (1): 78–94.

Wigner, E. P. (1960). The Unreasonable Effectiveness of Mathematics in the Natural Sciences. *Communications on Pure and Applied Mathematics* 13 (1): 1–14.

Wilson, M. (2000). The Unreasonable Uncooperativeness of Mathematics in the Natural Sciences. *The Monist* 83 (2): 296–314.

Winter, C., Kristiansen, G., Kersting, S., et al. (2012). Google Goes Cancer: Improving Outcome Prediction for Cancer Patients by Network-Based Ranking of Marker Genes. *PLoS Computational Biology* 8 (5): e1002511.

Wynn, K. (1992). Addition and Subtraction by Human Infants. *Nature* 358: 749–750.

Xu, W. (2003). Numerosity Discrimination in Infants: Evidence for Two Systems of Representations. *Cognition* 89: B15–B25.

Bildnachweis

Vignetten: © Shutterstock/Marina Sun

Seite 16: © Peter Palm, Berlin

Seite 19: https://mathsection.com/how-google-maps-calculates-the-shor test-route/; mit freundlicher Genehmigung von Elias Wirth

Seite 42: https://upload.wikimedia.org/wikipedia/commons/5/5c/Total_internal_reflection_of_Chelonia_mydas.jpg; © Brocken Inaglory via Wikipedia/CC BY-SA 4.0

Seite 66: Aus: Lee, S., Spelke, E. S., & Vallortigara, G. (2012): Chicks, like Children, Spontaneously Reorient by Three-Dimensional Environmental Geometry, not by Image Matching. Biology Letters 8 (4): 492–494; mit freundlicher Genehmigung der Autorinnen

Seite 122: https://upload.wikimedia.org/wikipedia/commons/0/0c/GoldenGateBridge-001.jpg; © Rich Niewiroski Jr. 2007

Seite 124: wikimedia.org/wikipedia/commons/thumb/5/56/CCTV-new-building.jpg/800px-CCTV-new-building.jpg

Seite 151: https://upload.wikimedia.org/wikipedia/commons/thumb/2/27/Snow-cholera-map-1.jpg/800px-Snow-cholera -map-1.jpg

Seite 161: https://commons.wikimedia.org/wiki/File:Anscombe%27s_quartet_3.svg

Seite 169: https://upload.wikimedia.org/wikipedia/commons/1/15/Koenigsberg%2C_Map_by_Bering_1613.jpg

Seite 174 und 177: https://www.redblobgames.com, mit freundlicher Genehmigung von Amit Patel

Aus dem Verlagsprogramm

Populäre Wissenschaft bei C.H.Beck

Rebecca Böhme
Human Touch
Warum körperliche Nähe so wichtig ist
2019. 192 Seiten mit 10 Abbildungen. Klappenbroschur

Alastair Bonnett
Die allerseltsamsten Orte der Welt
Aufsteigende Inseln, bodenlose Städte, abseitige Paradiese
Aus dem Englischen von Andreas Wirthensohn
2019. 268 Seiten mit Illustrationen von Rachel Holland. Hardcover

Rachel Carson
Der stumme Frühling
Aus dem Amerikanischen von Margaret Auer
Mit einem Vorwort von Jill Lepore
2019. 5. Auflage. 443 Seiten. Paperback

Christophe Galfard
Das Universum in deiner Hand
Die unglaubliche Reise durch die Welten von Raum und Zeit
und zu den Dingen dahinter
Aus dem Englischen von Jens Hagestedt und Ursula Held
2019. 400 Seiten. Paperback

Yuval Noah Harari
21 Lektionen für das 21. Jahrhundert
Aus dem Englischen von Andreas Wirthensohn
2019. 544 Seiten. Paperback

Christian Hesse
Mathe to go
Magische Tricks für schnelles Kopfrechnen
2. Auflage. 2018. 189 Seiten mit 10 Zeichnungen. Paperback

C.H.Beck

Populäre Wissenschaft bei C.H.Beck

Achim Haug
Reisen in die Welt des Wahns
Ein Psychiater erzählt von inneren Stimmen, bizarren Botschaften
und gefährlichen Doppelgängern
2019. 255 Seiten. Gebunden

Mickaël Launay
Der große Roman der Mathematik
Von den Anfängen bis heute
Aus dem Französischen von Jens Hagestedt und Ursula Held
2019. 256 Seiten mit zahlreichen Abbildungen. Paperback

Manuela Lenzen
Künstliche Intelligenz
Was sie kann und was uns erwartet
3. Auflage. 2019. 272 Seiten. Paperback

Lionel Naccache/Karine Naccache
Der kleine Gehirnversteher
Eine Erkundung unseres geheimnisvollsten Organs
Aus dem Französischen von Sabine Reinhardus
2019. 180 Seiten. Gebunden

Carl Safina
Die Intelligenz der Tiere
Wie Tiere fühlen und denken
Aus dem Englischen von Sigrid Schmid und Gabriele Würdinger
2019. 526 Seiten mit 23 Abbildungen und 4 Karten. Paperback

Geoffrey West
Scale
Die universalen Gesetze des Lebens von Organismen,
Städten und Unternehmen
Aus dem Englischen von Jens Hagestedt
2019. 480 Seiten mit zahlreichen Abbildungen. Hardcover

C.H.Beck